浙江省
钱塘江文化
研究会

ZHEJIANG QIANTANG RIVER
CULTURE RESEARCH
ASSOCIATION

宋韵文化丛书

沈晔冰\著

吃到宋朝去

浙江工商大学出版社｜杭州

沈晔冰

　　沈晔冰，女，笔名刘晗，浙江绍兴市人。杭州社科智库特聘专家，浙江省作家协会会员，浙江省网络作家协会首批会员，浙江省首批"新荷计划"人才库青年作家，十佳"新荷人才·潜力作家"。代表作有诗集《母亲的眼神》，散文集《悠悠棹歌》《雕刻时光》《奔流岁月》《诗样年华》，论文集《文化产业与乡村振兴》，流淌三部曲《流淌的诗画》《流淌的时光》《流淌的江南》，其中《流淌的时光》为 2016 年 G20 杭州峰会入选作品，被翻译成多国文字。

总　序

胡　坚

　　宋代上承汉唐、下启明清，是中国古代文明最为辉煌的时期之一。宋代是中国历史上商品经济、文化教育、科技创新高度繁荣的时代。宋代崇尚思想自由，儒家学派百花齐放，出现程朱理学；科学技术发展取得划时代的成就，中国的四大发明产生世界性影响，多领域出现科技革新；政治开明，对官僚的管理比较严格，没有出现严重的宦官专权和军阀割据，对外开放影响广远；经济繁荣，商品经济异常活跃，农业、手工业、商业等都取得长足进步；重视民生，民乱次数在中国历史上相对较少，规模也较小，百姓生活水平有较大提升，雅文化兴盛；城市化率比较高，人口增长迅速。

　　经济、社会的高度发达带来了文化的繁荣兴盛。兴于北宋、盛于南宋，绵延三百多年的宋代文化，把中华文明推到前所未有的高度，为人类文明进步做出了不可磨灭的贡献。浙江的文化积淀极为深厚。作为中华文明史上的璀璨明珠，宋韵文化是浙江最厚重的历史遗存、最鲜明的人文标识之一。宋韵文化是两宋文化中具有文化创造价值和历史进步意义的哲学思想、人文精神、价值理念、道德规范的集大成。什么是宋韵文化？宋韵文化不能简单地等同于宋代文化，而是从宋代文化中传承下来的，经过历史扬弃的，具有当代价值和独特风韵的文化现象，包括思想理念、精神气节、文学艺术、雅致生活、民俗风情等。具体来说，宋韵文化见之于学术思想的思辨之韵、文学艺术的审美之韵、发现发明的智识之韵、生产技术的匠心之韵、社会治理的秩序之韵、日常生活的器物之韵，集中反映了两宋时期卓越非凡的历史智慧、鼎盛辉煌的创新创造、意韵丰盈的志趣指归和开放包容的社会风貌，跳跃律动着中华民族一脉相承的精神追求、精神特质、精神脉络，是中华优秀传统文化的重要组成部分和具有中国气派、浙江辨识度的典型文化标识。

当前，我们对中华传统文化，要坚持古为今用、推陈出新，继承和弘扬其中的优秀部分。要建立具有中国特色、中国风格、中国气派的文明研究学科体系、学术体系、话语体系，为人类文明新形态实践提供有力的理论支撑。要以礼敬自豪、科学理性的态度保护和传承宋韵文化，辩证取舍、固本拓新，使其具有重大而深远的历史意义和时代价值。为此，浙江提出实施"宋韵文化传世工程"，形成宋韵文化挖掘、保护、研究、提升、传承的工作体系，高水平推进宋韵文化创造性转化、创新性发展，让千年宋韵在新时代"流动"起来、"传承"下去，形成展示独特韵味的"重要窗口"、文化浙江建设成果的鲜明标识。

根据"宋韵文化传世工程"部署，浙江将围绕思想、制度、经济、社会、百姓生活、文学艺术、建筑、宗教等八大形态，系统研究宋韵文化的精神内核、文化内涵、地域特色、形态特征、历史意义、时代价值、传承创新，构建体系完整、门类齐全、研究深入、阐释权威的宋韵文化研究体系，推进宋韵文化文献资料的整理与研究，打造宋韵文化研究展示平台。推进宋韵重大遗址考古发掘，加强宋韵遗址综合保护，提升重大遗址展示利用水平，构建宋韵文化遗址全域保护格局，让宋韵文化可知、可触、可感，为宋韵文化传承展示提供史实依据。以数字化手段赋能宋韵文化传承弘扬，全面构建宋韵文化数字化保护、管理、研究、展示、衍生体系，打造宋韵文化遗存立体化呈现系统，实现宋韵文化数字化再造，让千年宋韵在数字世界中"活"起来。加强宋韵文化数字化保护，打造数字宋韵活化展示场景，构筑宋韵数字服务衍生架构。坚持突出特色与融合发展相协调，围绕"深化、转化、活化、品牌化"的逻辑链条，深入挖掘宋韵文化元素，加强宋韵文化标识建设，打造系列宋韵文化标识，塑造以宋韵演艺、宋韵活动、宋韵文创等为支撑的"宋韵浙江"品牌，推动宋韵文化和品牌塑造的深度融合，提升宋韵文化辨识度，打造宋韵艺术精品、宋韵节庆品牌、宋韵文创品牌、宋韵文旅演艺品牌。深入挖掘、传承、弘扬宋韵文化基因，充分运用"文化＋"和"互联网＋"等创新形式，推进宋韵文化和旅游深度融合，进一步优化布局、完善结构、提升能级，把浙江建设成为国际知名的宋韵文化旅游目的地。优化宋韵文旅产业发展布局，建设高能级旅游景区集群，发展宋韵文旅惠民富民新模式。建设宋韵文化立体化传播渠道，构建宋韵文化系统化展示平台，完善宋韵文化国际化传播体系。统筹对内对外传播资源，深化全媒体融合传播，构建立体高效的传播网络，着力打造融通中外的新范畴、新表述，推动宋韵文化深入人心、走向世界，使浙江成为彰显宋韵文化、具有国内外影响力的展示窗口。

　　我们浙江省钱塘江文化研究会全体同人，积极响应浙江省

委、省政府的号召，全身心投入宋韵文化的研究、转化和传播
工作之中，撰写了许多论文和研究报告，广泛地深入浙江各地
进行文化策划、参与发展宋韵文化事业和文化产业，推动宋韵
文化提升城市品位，让宋韵文化全方位地融入百姓生活。

为了提升我们自己的思想水平和工作水平，同人们认真学
习和研究宋韵文化，深入把握历史事件、精准挖掘历史故事、
系统梳理思想脉络、着力研究相关课题，在此基础上，撰写了
一系列通俗读物，以飨读者，为传播宋韵文化做出自己的贡献，
于是就有了这套丛书。

这套丛书有以下几个特点：一是通俗性，以比较通俗的语
言和明快的笔调撰写宋韵文化有关主题，切实增强丛书的可读
性；二是准确性，以基本的宋韵史料为基础，力求比较准确地
传达宋韵文化的内容；三是时代性，坚持古为今用，把宋韵文
化与当下的现实应用紧密地结合起来，能够跳出宋韵看宋韵，
让宋韵文化为当下的经济社会发展和百姓生活服务；四是实用
性，丛书中有许多可以借鉴的思想理念和可供操作的方法途径，
可以直接应用于文化事业和文化产业。

限于我们的研究深度与水平，丛书中或许存在一些谬误，
敬请读者批评指正。

2022 年 8 月 15 日

（作者系浙江省钱塘江文化研究会会长、浙江省宋韵文化
研究传承中心专家咨询委员会召集人）

在历史的长河中，宋朝犹如一颗璀璨的明珠，熠熠生辉。作为中国历史上的一个重要时期，宋朝不仅在政治、经济、文化等领域取得了辉煌的成就，更开创了美食领域前所未有的繁荣景象。从奢华至极的宫廷御膳，到热闹非凡的市井小吃，宋朝的美食文化犹如一幅丰富多彩的画卷，引人入胜，令人向往。

然而，遗憾的是，尽管宋朝美食文化博大精深，但在今人眼中，它如蒙上了一层朦胧的薄雾，难以窥见其全貌。我自小就喜欢吃，喜欢轻松地、欢快地吃，因此，我选择写一本关于宋朝美食的好玩的书，想带领大家一同品味那个辉煌时代的独特风味。

为了能让读者更加身临其境地感受宋朝的美食文化，我构思了一个特别的"穿越"故事：现代女子陈澄，在一次偶然的机会下，穿越回了宋朝。她将作为我们的"味蕾使者"，带领我们一同探索那个时代的饮食奥秘。

本书以简述现代人对宋朝文化，特别是其繁荣的饮食文化的向往为开端，结合"穿越"主题，让读者随着陈澄的脚步，一同踏入那个充满美食诱惑的时代。在本书中，读者将会和陈澄一同深入体验宋朝的美食文化，走进宋朝皇宫，品味那些曾经只属于皇室贵族的珍馐佳肴；走向民间街头，了解那些流传至今、深受百姓喜爱的市井小吃；探讨宋朝茶酒文化的独特魅力及其对后世的影响，体验宋朝美食的多样性和地域特色；探索宋朝美食背后的农耕文明和丰富的食材来源；倾听宋朝人对食物与健康的独特理解；最后，读者会跟着陈澄穿越回来，共同思考如何在现代社会中传承和发扬宋朝美食文化，使其焕发新的生机。

在撰写本书的过程中，我投入了大量的时间和精力，翻阅了大量的历史文献，从《东京梦华录》《梦粱录》《武林旧事》《山家清供》《荔枝谱》等古籍中汲取灵感，同时也参考了现代学者对宋朝美食文化的研究成果，并学习了作家汪曾祺的《一食一味》中对美食娓娓道来的写法。在尽力还原宋朝美食真实面貌的基础上，我加入了一些想象，以求将"穿越"的故事讲得更生动。此外，还在书中穿插了一些插图，希望能够通过图文并茂的方式，让大家身临其境地体验宋朝的美食文化。

我的写作目的很简单，就是希望通过这本书和陈澄的穿越之旅，让更多的人了解并爱上宋朝的美食文化。宋朝的美食不仅仅是一种味觉上的享受，更是一种文化的传承和历史的见证。每一道菜、每一种小吃背后，都蕴含着丰富的历史信息和文化内涵。希望读者在阅读这本书的过程中，不仅能够了解宋朝美食的制作方法，更能够感受到那个时代的风土人情和生活气息。

自然，我也希望读者在阅读这本书的同时，能够动手尝试制作一些宋朝的美食。毕竟，"纸上得来终觉浅，绝知此事要躬行"。只有通过亲身的实践和体验，才能真正感受到宋朝美食的魅力所在。无论是制作一道精致的宫廷点心，还是烹饪一份地道的市井小吃，相信大家都能在这个过程中收获到满满的成就感和满足感。

总之，《吃到宋朝去》这本书既是对宋朝美食文化的一次深情致敬，也是对历史和文化的一次深入探索。希望它能给读者带来一些不一样的体验和感受。

由于我对宋朝的美食研究终究不够深，更有对饮食的一己偏好，书中难免有些疏漏之处，敬请大家原谅！

沈晔冰写于金石书院

2023 年 2 月 12 日

吃到宋朝去

沈嘉禄

目录

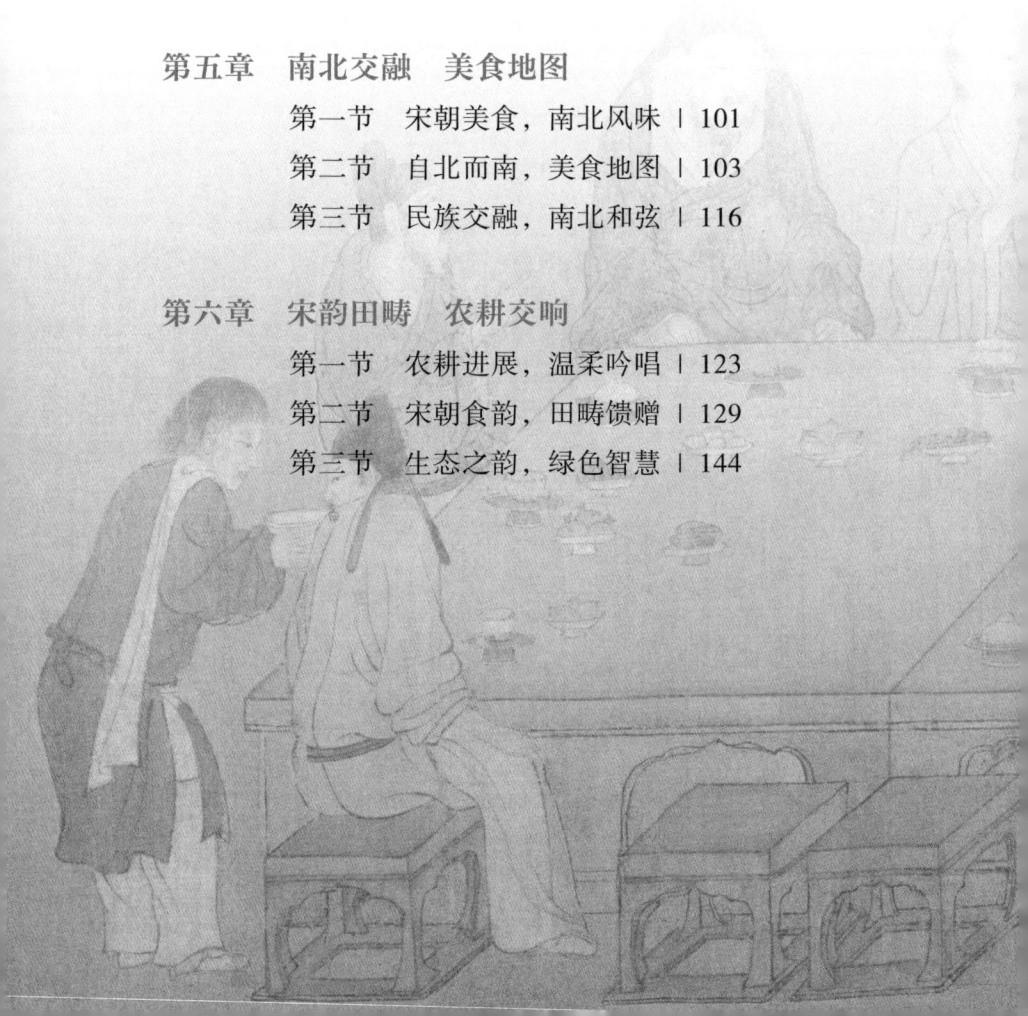

第一章

梦回大宋
食色生香

第一节　悠悠宋韵，梦回往昔

在漫长的时光中，总有一些朝代以其独特的魅力，跨越千年的风沙，在人们心头留下一抹倩影，而宋朝，便是其中最为温婉、细腻的存在。它不以疆域的辽阔著称，也不以武力的强盛闻名，却以昌盛的经济、繁荣的文化，尤其是那丰富多彩的饮食文化，让无数后世之人心生向往，渴望一窥其绝代风华。

宋风雅韵，珍馐千年

在当今这个快节奏、高压力的社会里，人们往往渴望逃离喧嚣，寻找一片心灵的净土。而宋朝，这个中国历史上最为雅致的朝代，便成了现代人心中理想的避风港。它不仅是一段历史记忆，更是一种文化符号，一种生活态度。

当我们翻开那些泛黄的历史典籍，或是浏览网络上关于宋朝的图文资料时，总会被那些精致的瓷器、雅致的书画、精妙的宋词所吸引，但更让我们念念不忘的，还是那些流传千古的美食佳肴。从宫廷御膳的奢华到市井小吃的烟火气，从南食的温婉细腻到北食的粗犷豪放，宋朝的饮食文化如同一幅幅生动的画卷，缓缓地在我们面前展开，让人不禁想要穿越时空，亲自品尝那些令人心驰神往的美味。

食事风雅，百味交融

宋朝的饮食文化之所以如此吸引人，不仅在于其种类繁多、风味各异的美食，更在于其背后所蕴含的深厚文化底蕴和独特的生活哲学。在宋朝，饮食不仅仅是为了满足口腹之欲，更是一种生活艺术的体现。从食材的选择到烹饪的技巧，从餐具的使用到餐桌的礼仪，无不透露出宋人对于生活的热爱与追求。他们注重食材的新鲜与搭配，讲究烹饪的精细与火候的掌握，使得每一道菜肴都能达到色、香、味、形俱佳的境界。

同时，宋朝的饮食文化还体现了当时社会的开放与包容。随着商业的繁荣和对外贸易的繁荣，大量的外来食材和烹饪技术传入中国，与本土的饮食文化相融合，形成了独具特色的宋代风味。这种开放与包容的精神，不仅丰富了宋朝的饮食种类，也促进了文化的交流与传播。

穿越萌芽，频幻宋景

陈澄，一名典型吃货，在繁忙的现代都市一隅，有一间不起眼却充满温馨气息的小屋，这是陈澄的世界——一个以味蕾为笔，书写美食故事的美食博主之家。屋外是车水马龙，屋内则由书卷与食材交织出一种宁静的氛围。陈澄，一个对食物有着无限热爱与好奇的女子，时常幻想着自己能够穿越时空的隧道，回到那个风雅绝伦的大宋王朝，漫步在古色古香的街道上，品尝着各式各样的美食，感受那份属于宋朝的独特韵味。

想象中，应该有一家扎着彩楼欢门的酒店，门旁两三卖梨干、枣圈、烧肉干脯、猪羊荷包等吃食的小摊，街上人头攒动，手提饭盒的伙计向订餐的顾客家中匆匆走去，街角一位货郎正放下担子，准备为前来买浆的小童制作他要的饮品，远处传来烤胡饼的香气，只是须臾就被路过的驴车冲散了……

图1-1　〔南宋〕李嵩　《货郎图》局部　（故宫博物院藏）

第二节　穿越启程，初探汴京

夏日午后，阳光透过窗帘的缝隙，洒在堆满各式食谱和古籍的书桌上。陈澄正埋头于一本泛黄的古籍中，这本名为《大宋食录》的书籍，据说是宋朝一位宫廷御厨的手稿，记录着那个时代最为精致与独特的饮食文化。她轻轻翻动书页，每一个字都仿佛带着历史的幽香，让人沉醉。

时空穿越，初探心倾

突然，一阵奇异的波动自书页间传来，陈澄的手指不经意间触碰到了书中的一个古老符号。那一刻，整个世界仿佛都静止了，紧接着，一股温暖而柔和的光芒将她包围。当光芒散去，陈澄发现自己已经身处一个截然不同的世界。

眼前的景象让她震撼不已。街道两旁，店铺林立，建筑多为木制，悬山顶瓦面，招牌高挂，各式小吃香气扑鼻。人们或衣长袍，或穿短褐，步履匆匆。陈澄不敢相信，自己竟然真的穿越了时空，来到了梦寐以求的宋朝。

她漫步在熙熙攘攘的街道上，满心好奇，充满了探索的欲望。

图1-2　〔北宋〕张择端　《清明上河图》之城内街景　（故宫博物院藏）

　　首先映入眼帘的是一家卖胡饼的摊位，那金黄酥脆的面饼散发出的香气，瞬间勾起了她的食欲。她上前尝了一口，只觉得口感层次分明，味道鲜美至极，与现代的任何美食都截然不同。

　　接着，她又被一家卖饮子的小摊吸引。宋代的饮子并非简单的甜品，而是融入了各种草药与香果的养生佳品。她对一种叫作"药木瓜"的饮子十分好奇，询问店家，才知道这种饮子的制作极为麻烦，需要先把木瓜和盐、蜂蜜以及多种药材混合腌制，再经水煮，最后将木瓜捣成泥，和冰水混合到一起。因制作工艺复杂，每日的供应量并不多，今日的已经卖光了。陈澄只好遗憾地离开。

随着夜幕的降临，陈澄来到了汴京最繁华的夜市。这里灯火通明，人声鼎沸，各种小吃琳琅满目，热闹非凡。她仿佛置身于一个巨大的美食迷宫之中，每一家摊位都散发着诱人的香气，每一种食物都让她跃跃欲试。

她品尝了鲜香软嫩的旋煎羊白肠、酥脆可口的胡饼、清甜可口的冰雪冷丸子……每一种食物都让她感受到了北宋饮食文化的博大精深与独特魅力。她发现，这个时代的厨师们对于食材的选择与搭配极为讲究，烹饪技艺更是精湛无比。他们能够将简单的食材变幻成珍馐美馔，让人在品尝的过程中享受到视觉、嗅觉、味觉的多重盛宴。

云外天香，《大宋食录》

在夜市的深处，陈澄还发现了一家名为"云外天香"的茶楼。这家茶楼以其高雅的环境与精致的茶点而闻名。她步入其中，闻得茶香四溢。她点了一壶上好的龙井茶与几样精致的茶点，坐在窗边静静地品味起来。窗外是汴京的夜景，灯火阑珊处透露出一种宁静与美好；窗内则是茶香与美食的交融，让人心生宁静与满足之感。

图1-3 〔北宋〕张择端 《清明上河图》之街角茶肆 （故宫博物院藏）

今日无事

在茶楼，从别人的闲聊中，陈澄得知了自己穿越的真相。原来那本《大宋食录》并非普通的古籍，而是一件蕴含着神秘力量的宝物。它能够带领有缘人在特定的时刻穿越时空，亲身体验宋朝的饮食文化。而陈澄，正是这个幸运儿。

夜深了，陈澄坐在茶楼的窗边，望着窗外的夜景，心中充满了感慨。她从未想过自己能够如此近距离地接触和感受宋朝的饮食文化，这一切都让她感到无比的幸运和满足。她知道，穿越的机会来之不易，也许她会从这次时空旅行中得到一些启示与灵感，她想把它们带回自己所生活的那个时代，用自己的方式去传承和发扬宋朝的饮食文化。

想着想着，她一不小心触摸到了书中的一片紫色叶子，熟悉的波动又传到手心，在返回现代的那一刻，陈澄紧紧抱住了那本《大宋食录》。她明白，这本书是她穿越的媒介，是她与那个遥远时代之间的纽带。她要将遇到的每一个故事、每一种美食都记录下来，用现代人的视角去解读和呈现它们。

第三节　时空交错，饮食寻踪

每当夜深人静之时，陈澄总会翻开那本《大宋食录》，让思绪随着文字飘向那个遥远而迷人的时代。当陈澄再次睁开眼时，眼前已不再是那个熟悉而繁忙的现代都市。

她漫步在宋代的街头巷尾，每一步都像是踏在了历史的脉络上。阳光透过稀疏的云层，洒在路面上，与两旁古色古香的建筑相映成趣。空气中弥漫着淡淡的烟火气和食物的香气，这些气息交织在一起，瞬间唤醒了沉睡的味蕾，引领着陈澄深入探索这个遥远又迷人的时代。

灌浆馒头，鲜香四溢

在经济昌盛、文化繁荣的宋朝，饮食被赋予了无尽的雅致与匠心，每一道小吃都是对生活美学的极致诠释。小吃摊，成了陈澄最先驻足的地方。它们或隐于巷弄深处，或立于街角显眼位置，虽规模不大，却自有一种令人难以抗拒的魅力。这些摊位大多由几块木板、一张油布和几个简单的厨具组成，简陋中透露着生活的智慧。摊主们身着粗布衣裳，脸上洋溢着质朴的笑容，他们或站或坐，手中忙碌不停，将一份份看似平凡的食材变成了一道道令人惊艳的美味佳肴。

其中，灌浆馒头，犹如一颗璀璨的明珠，镶嵌在繁华市井的烟火气中，以其独特的魅力，吸引了无数食客驻足，陈澄便是其中的一员。此时的馒头，其实类似后来的包子；而此时的包子，是一种用菜叶裹馅蒸煮成的菜包。这种灌浆馒头，和陈澄常吃的灌汤包子差不多。陈澄站在小摊前，静静等待着美味的到来。

摊主老姜，一位年过半百、面容慈祥的老人，正用他那双布满岁月痕迹却异常灵巧的手，演绎着传奇。他的身影在晨光中被拉长，每一个动作都显得那么从容不迫，仿佛是在进行一场神圣的仪式。

面团，是他精心挑选的上等小麦粉，经过一夜的醒发，变得柔软而富有弹性。老姜的手在面团上跳跃，如同舞者轻盈的步伐，揉、捏、摔、打，每一个动作都充满了力量与节奏感，他手中的面团渐渐变得光滑细腻，仿佛有了生命一般。接着，他取出一小块面团，放在案板上，用一根细长的擀面杖轻轻一推一旋，一张薄薄的面皮便呈现在众人眼前，这不仅是技术的展现，更是对食材的尊重与理解。

馅料，则是灌浆馒头的灵魂所在。老姜选用的是当季最新鲜的猪肉，肥瘦相间，经过细细剁碎，再加入葱、姜、黄酒等调料，调味之时，他格外注意比例的均衡，既保留了肉质的鲜美，又去除了肉腥味。而最为关键的，是那秘制的皮冻，它是包子汁水充盈的保证。老姜这皮冻，是由猪骨、老鸡、火腿等多种食材慢火熬制成高汤，经过过滤、冷却后，凝固而成的，皮冻晶莹剔透，被巧妙地混合在馅料之中，成为灌浆馒头让人一尝难忘的秘密武器。

制作的过程，更是考验老姜技艺的关键时刻。他左手托面皮，右手持筷，轻巧地将馅料放在面皮中央，随后迅速而又精准地捏起面皮边缘，一边旋转一边收口，手法之快，令人目不暇接。不一会儿，一排排圆润饱满的灌浆馒头便整齐地排列在案板上。

随着蒸笼的开启，一股热气携带着诱人的香气扑面而来，那是猪肉的醇厚、高汤的鲜美以及面皮的清香交织而成的绝妙味道。蒸汽氤氲中，一个个小馒头仿佛被赋予了生命，变得饱满而富有光泽，透过薄薄的皮，隐约可以看见里面那轻轻晃动着的汤汁，让人垂涎欲滴。

图1-4　〔北宋〕张择端　《清明上河图》之放着蒸笼的小店　（故宫博物院藏）

　　陈澄站在人群中，望着那蒸腾的雾气与忙碌的摊主，心中充满了期待与好奇。终于，轮到她品尝这传说中的灌浆馒头了。她接过一只热气腾腾的馒头，小心翼翼地咬了一口，汤汁瞬间在口中爆开，那鲜美，那醇厚，简直让人难以置信，整个世界仿佛都变得温柔起来。馅料与汤汁的完美融合，带来了前所未有的味蕾体验，让人沉醉其中，无法自拔。

　　这一刻，陈澄感受到了市井百姓的淳朴与热情，以及他们对生活的热爱与追求。这灌浆馒头，不仅仅是一种食物，更是一种文化的传承，一种情感的寄托。它让陈澄深刻体会到了宋朝饮食文化的博大精深，以及那份纯朴与自然的味道背后所蕴含的深厚情感。

　　胡饼酥脆，香飘十里

　　品尝完灌浆馒头后，陈澄的探索之旅并未停止。她继续漫步在街头巷尾，寻找着更多令人惊喜的美食。在那条热闹非凡的宋朝街巷里，陈澄的脚步被一股难以抗拒的香气牵引，不由自主地走向一个散发着诱人光芒的角落——一家胡饼店。那里热闹非凡，是这条街上最亮丽的风景线。

　　窄小的胡饼店内，炉火正旺，映得四壁一片暖红。两三个汉子正埋首忙活。和面的大汉干劲十足，双臂用力搅动着硕大的面盆，面团在他手中被揉捏、摔打，渐渐变得光滑柔韧。擀饼的师傅手持光滑的枣木杖，将分好的面团擀得飞快，薄厚均匀的饼胚在他手下旋转着成型。烤饼的师傅将撒了芝麻的胡饼迅速放置在特制的炭火炉中，那炭火红得耀眼，热浪滚滚，仿佛能吞噬一切。然而，在这炽热的火焰之下，胡饼却展现出了它惊人的生命力。面饼逐渐变得金黄酥脆，边缘微微卷起，散发出诱人的光泽，仿佛是一件即将完成的艺术品。

三人配合默契，一揉一擀一放间，活儿干得利落漂亮，虽汗流浃背，但手上不停，脸上也始终挂着憨厚的笑容，仿佛这辛劳本身也带着甜味。

随着时间的推移，空气中弥漫开来的香味越来越浓郁，那是一种混合了面香与调料香的复杂而又和谐的气息。它像是一

图1-5 〔北宋〕张择端 《清明上河图》之卖饼小摊 （故宫博物院藏）

位优雅的舞者，在陈澄的鼻尖轻盈地旋转着，挑逗着她的每一根神经。陈澄不由自主地靠近了，她的眼睛紧紧盯着那正经受炭火炙烤的胡饼，仿佛是在欣赏一场精彩绝伦的表演。

终于，当烤饼师傅用夹子将那份刚出炉的胡饼递到陈澄手中时，她几乎能感受到那份沉甸甸的幸福。那金黄色的面饼上还残留着炭火的温度，温暖而亲切。陈澄深吸一口气，那浓郁的香气瞬间涌入她的鼻腔，仿佛是一股暖流直抵心田，让她的整个身体都为之颤抖。

她迫不及待地咬了一口，只听"咔嚓"一声，那酥脆的面饼在口中瞬间崩裂开来，释放出无尽的香味，让她无比满足。

在这一刻，陈澄仿佛置身于一个梦幻的世界之中，所有的烦恼与忧愁都随着那口胡饼而烟消云散。她闭上眼睛，尽情地享受着这份来自宋朝的美味馈赠。

除了灌浆馒头和胡饼外，陈澄还品尝了许多其他的小吃。比如色泽鲜翠、甘美清凉的槐叶冷淘。它很像陈澄吃过的凉面，将鲜槐叶捣成汁水和面，擀成面条，煮熟后过冷水，再浇上特制的料汁，味道极为清香。还有那加了绵密红豆的豆糕，软糯可口，吃起来别有一番风味。陈澄还见到一种名叫"水饭"的吃食，就是将熟的粟饭趁热浸在冷水中，发酵数日，制成酸浆水保存，待吃时往浆水中投入适量熟饭即可。这道小吃制作方便、可直接冷食，颇为人喜爱，街边随处可见售卖的小摊。

在品尝美食的同时，陈澄也感受到了宋代社会的繁荣与昌盛。她看到街上的行人络绎不绝，有穿着华丽绸缎的达官贵人，也有身着粗布衣裳的普通百姓；有坐着驴车的商贾旅人，也有推着独轮车的小贩走卒。他们各自忙碌着自己的事情，却又在不经意间构成了一幅幅生动的市井生活图景。陈澄仿佛置身于一个活生生的历史舞台上，亲眼见证了这个时代的辉煌与变迁。

随着脚步的深入，陈澄来到了汴京的繁华地段。陈澄逐渐融入了这片繁华之中。她开始尝试着与当地人交流，了解他们的生活习惯和风俗习惯。她发现宋代的人们非常注重饮食，不仅讲究食材的新鲜与搭配，还注重烹饪技艺的传承与创新。他们善于将简单的食材变幻成花样繁多的美味佳肴，让人在品尝的过程中享受到视觉、嗅觉、味觉的多重盛宴。这种对美食的热爱与追求让陈澄深感敬佩，极为感动。

酒楼茶肆，热闹非凡

街上酒楼茶肆林立，热闹非凡。陈澄走进一家装饰典雅的酒楼——"水云间"，只见里面宾客满座，欢声笑语不断。她找了一个靠窗的位置坐下，点了几道招牌菜和一壶好酒。不久，酒菜上桌，她细细品尝起来。

第一道菜是东坡肉，相传这是宋代大文豪苏东坡（苏轼）所创的一道名菜。只见肉块色泽红亮，肥而不腻，入口即化。陈澄夹起一块放入口中，只觉得肉香四溢，满口生津。苏轼是才华横溢的诗人、画家、书法家，同时也是一位热爱生活、善于烹饪的美食家。元丰年间，因"乌台诗案"，他被贬黄州，官微禄薄，公务之余，只好在城东的一块坡地靠种田补贴生计，"东坡居士"的别号也由此而来。仕途失意的苏轼并未消沉，而是寄情于山水与美食，不仅留下了《赤壁赋》《念奴娇·赤壁怀古》等传世佳作，甚至还发明了一个菜谱，把在当时并不流行的猪肉做成一道美味佳肴。

在《猪肉颂》中，苏轼详细描述了这道菜的烹饪方法："净洗铛，少着水，柴头罨烟焰不起。待他自熟莫催他，火候足时他自美。"在当时，猪肉很便宜，富人不愿意吃猪肉，而穷人做不好猪肉，苏轼的这种文火慢煨的方式却很能激发猪肉香醇的口感，这道菜也就被称作"东坡肉"，逐渐流传开了。

像这道菜一样，不疾不徐，等够了"火候"的苏轼也终于

图1-6　〔北宋〕张择端　《清明上河图》之街旁旅店　（故宫博物院藏）

等到了再度起用的机会。

　　第二道菜是素蒸鸭，这和陈澄所习惯的素鸭截然不同。它是用瓠瓜做的。酒楼专门采购了未完全成熟的细颈大腹的瓠瓜，对半切开，上锅蒸熟，再配以伴有麻油、香醋等料汁的蘸碟，供人食用。据说，这道菜得名于唐朝一位名叫郑馀庆的官员。郑馀庆提倡节俭，在宴饮过度奢华的不良风气下，一次，他在家中宴请同僚，并吩咐家人做菜时要"烂煮去毛，勿拗折项"，听到的客人以为这道菜必定是鹅、鸭之类的大餐，充满期待，不想最后端上来的竟然是一盘蒸瓠瓜，客人大失所望，只有郑馀庆吃得津津有味。

　　酒过三巡，菜过五味，陈澄已经有些微醺。她望着窗外繁华的街景和络绎不绝的行人，心里涌起一阵莫名的感慨。无论是东坡肉还是素蒸鸭，这两道看似普普通通的菜品，背后却蕴藏着前人的生活态度和处世哲学。时光轮换，菜的烹饪方法也许会变，但其中蕴含的精神，却可以万古长青。

第二章

宫廷御宴
奢华至极

第一节　深入皇宫，御宴盛景

在那层叠交织的时光迷雾中，陈澄又一次穿越了千年的尘埃，奇迹般地站在南宋临安皇宫那扇厚重的朱红大门之前。阳光穿透薄雾，温柔地洒落在琉璃瓦上，流光溢彩。

陈澄头梳朝天髻，佩银制竹节钗并莲瓣纹玉梳，身着一袭湘妃色罗襦，下系十二幅缃色绫裙，裙面疏落几点缂丝蕉叶纹，外搭豆绿色披帛。衣袂飘飘间，陈澄化身为一位真正的宋朝女子，与这古老的宫殿融为一体。她手中轻摇一柄精致的纨扇，扇面上绘着淡雅的山水，连它摇曳时带来的微风也似乎在诉说着千年的故事。

站在这朱红大门之前，陈澄既有着一丝忐忑，又充满了对未知世界的期待与向往。忐忑，是因为陈澄深知自己不过是一个"外来者"，能否真正融入这个时代，与古人心意相通，是陈澄心中最大的疑问。然而，更多的，还是难以言喻的期待与渴望。陈澄渴望揭开宫廷御宴那层神秘而诱人的面纱，去品尝那些只存在于古籍与传说中的珍馐美味，去感受那份属于宋朝皇室的奢华与雅致。

想象着那即将到来的盛宴，陈澄仿佛已经闻到空气中弥漫

图2-1　〔北宋〕徐崇矩
《仕女扑蝶图》（美国弗
利尔美术馆藏）

的香气。陈澄想象着，那些珍贵的食材如何在厨师的巧手下大放异彩，变成一道道色、香、味俱佳的佳肴；那些精致的餐具如何熠熠生辉，映照着宾客们满足而幸福的笑容。

陈澄拢了拢披帛，在琉璃瓦折射出的碎金光芒里，她望着朱门两侧执戟的禁军，忽然意识到这场御宴远非简单的味觉飨宴，更是她探索宋朝饮食文化的一次良机。她数着门廊上垂挂的鎏金香球，当又一缕沉香拂过鬓角时，陈澄的云头履踏上了丹墀。

因缘际会，皇后召见

踏入宫门，四周，宫墙巍峨，以青灰为底，白石勾勒，尽显皇家气派；亭台楼阁，或隐于翠绿之中，或凌驾于碧波之上，错落有致，宛如一幅精心布置的画卷，每一笔都透露着不凡的韵味与皇家的威严。

穿过一道云龙纹影壁时，陈澄忽然驻足。晨光正攀上垂脊端的行什铜兽，将她的影子拉长又缩短，恰似这场注定短暂的交集。陈澄缓缓前行，目光流转于这处处皆景的宫廷之中，心中不禁涌起一股难以言喻的震撼与惊叹。正当陈澄沉醉于这份来自古老岁月的静谧与美好时，一位身着宫装的侍女悄然步入陈澄的视线。她一袭茜色罗裙，外罩石青色簇花锦袍，束白玉腰带。发间插着精致的珠翠步摇，随着她的动作微微颤动，闪烁着柔和而神秘的光芒。她的脸上挂着温暖的微笑，宛如春风拂面，轻声细语道："陈娘子，请随我来，圣人正于坤宁殿中

图2-2 〔南宋〕佚名《御苑市朝图》（私人收藏）

等候。”

　　陈澄跟随侍女的脚步，踏过曲折蜿蜒的回廊，细心感受着那份穿越时空的厚重与沧桑。沿途，陈澄穿过了几处精心布置的花园，园中百花争艳，香气袭人，与远处的亭台楼阁相映成趣，构成了一幅幅动人心魄的美景。

　　终于，陈澄来到了皇后娘娘的寝宫——坤宁殿。宫门轻启，一股淡淡的檀香扑鼻而来，让人心旷神怡。陈澄跨过门槛，走入了这个充满神秘与尊贵的地方。那一刻，陈澄仿佛看到了宋朝宫廷的辉煌与辉煌背后的故事，正缓缓向自己展开……

　　在那幽静而庄严的寝宫深处，皇后娘娘宛如一尊温婉的玉像，端坐于华贵的凤椅之上，周身散发着一种超凡脱俗的高雅气质。她的面容，慈爱而又不失威严，那轻轻扬起的嘴角，仿佛能融化世间一切冰雪，给予人无尽的温暖与安慰。

　　陈澄缓缓上前，每一步都显得格外庄重，生怕出一点差池。行至皇后娘娘面前，陈澄深深一揖，将满腔的感激与敬畏凝聚于这一礼之中。那一刻，陈澄仿佛能听见自己的心跳，与寝宫内轻柔的丝竹声交织在一起，奏响了一曲关于缘分与机遇的乐章。

　　皇后娘娘那双仿佛能洞察人心的眼眸中闪过一丝赞许，她轻轻抬手，指尖流淌着母仪天下的温柔与力量，示意陈澄免礼。随即，她那温婉的声音在寝宫内缓缓响起，如同春日细雨般滋润心田：“陈娘子，本宫久闻你于饮食之道颇有心得，且对我朝文化怀有深厚情感，故而特意邀请你参加今夜的宫廷宴会，愿与你一同品鉴大宋的美食佳肴，共赏这盛世繁华。”

　　闻言，陈澄心中涌起一股难以言表的激动与感激。这不仅仅是皇后娘娘对自己的赏识与信任，更是对自己多年研究宋朝美食的肯定。陈澄再次行礼谢恩，心中暗自发誓，定要好好把握这次难得的机会，不仅要细细感受宋朝宫廷饮食的独特魅力，还要展示出自己对美食的独特见解与品位。

　　对于美食，陈澄始终抱有敬畏之心。在她看来，每一道佳肴都是厨师们用心血与智慧凝聚而成的艺术品，它们不仅满足了人们的口腹之欲，更承载着丰富的文化内涵与历史记忆。陈澄期待着在今晚的宫廷宴会上，能够亲自品尝那些只存在于古籍与传说中的珍馐美味，感受那份跨越时空的味觉盛宴。

　　在皇后娘娘的召见下，陈澄开启了一段全新的旅程，一段关于美食、文化与梦想的旅程。陈澄深知，这段旅程不会平坦，但陈澄已做好准备，以满腔的热情与坚定的信念，迎接未来的每一个挑战与机遇。

宫宴奢华，尽显天威

　　陈澄被安排在了膳部司，与一众御厨们共同筹备晚宴。庖屋内，各种食材琳琅满目，应有尽有，从江河湖泊中的河鲜到山林原野中的野味，无一不显示着皇家的奢华与讲究。

　　在接下来的时间里，陈澄与一群技艺超群的御厨并肩，共同为晚宴做准备。这里，是皇家奢华与精致生活的缩影，每一缕空气都弥漫着食材的芬芳。

　　屋内蒸腾着桂香，案头堆着太湖新贡的银鱼，竹篓里挤挤

图2-3 〔南宋〕佚名 《宋高宗后坐像轴》 （台北"故宫博物院"藏）

挨挨的籇蟹正吐着沫……老御厨张德全将砧板拍得咚咚响，手中解牛刀寒光一闪，整条鱼便如落雪般片片绽开。"官家最喜旋鲙，须得薄如蝉翼，透过去能看见盘子上的花纹才好。"陈澄忙用竹夹将肉片铺在冰鉴上。一旁的少女正在点茶，茶筅击拂间，建窑兔毫盏里渐渐浮起雪浪般的沫饽。忽闻屋外脚步杂沓，原来是一众人正提着朱漆食盒往殿内送准备好的雕花蜜煎套碟，以供贵人们餐前开胃。

这些食物，不仅仅是满足口腹之欲的佳肴，更是皇家尊贵与讲究的象征，它们如同艺术品般被精心挑选与呈现，每一道菜的背后，都蕴含着对食材的极致尊重。御厨们以虔诚之心，对待这些大自然的馈赠，他们运用世代相传的烹饪技艺，将食材的原始风味与皇家的奢华完美融合，创造出令人叹为观止的美食盛宴。

各种食材与火焰相遇，与调味料交融，那份沉睡已久的鲜美与芬芳便瞬间被唤醒，讲述着关于河流、山林与皇家的传奇故事。这是一场视觉与味觉的双重盛宴，更是一次心灵的洗礼与升华，让人在品尝之间，不禁沉醉于那份来自大自然与皇家的双重魅力之中。

御厨，这些厨房中的艺术家，身着整洁的服饰，脸上洋溢着对烹饪的热爱与专注。他们或站或立，各自忙碌于自己的领域，却又能默契十足地交织成一幅和谐的画面。切配食材的御厨，手握锋利的刀具，手法娴熟而精准，每一刀落下，都是对食材的精准拿捏，肉片薄如蝉翼，菜丝细如发丝，让人不禁赞叹其刀工之精湛。而那些负责烹饪的御厨，则如同操控火候的魔术师，炉火跳跃间，他们或炖或煮，或蒸或炒，每一种烹饪方式都拿捏得恰到好处，火候的微妙变化中，普通的食材化作一道道令人垂涎欲滴的佳肴。

陈澄站在一旁，目不转睛地观察着这一切，心中充满了对宋朝饮食文化的敬畏与惊叹。陈澄亲眼见证了食材从原始状态到美味佳肴的蜕变过程，感受到了御厨们对食材的尊重与珍惜：他们用心去感受每一种食材的特质，用情去烹制每一道菜肴，如同在进行一场心灵的对话，将自己的情感与智慧融入其中。

随着时间的推移，陈澄愈发被这份对美食的执着与热爱感染。陈澄开始尝试着去理解每一道菜肴背后的故事与意义，去感受那份跨越时空的文化传承与情感纽带。

夜幕低垂，轻轻地在天际铺开了一幅深邃的蓝绸，皇宫之内，却是另一番灯火辉煌、璀璨夺目的景象。

垂拱殿内，错金博山炉中的龙脑香雾冉冉升起。陈澄提着湘妃竹柄宫灯穿过游廊时，正听见更漏房当值黄门轻敲铜钲，赐宴的时辰到了。朱漆槅扇次第洞开，御案上摆着汝窑青瓷碗，薄胎在烛火下透出云母片似的微光，让陈澄想起穿越前在博物馆隔着玻璃柜看见的相似器皿。

忽闻环佩叮当，教坊司乐工已执轧筝入殿。尚膳正领着十二位司膳女官鱼贯而入。玛瑙盏中，莲花鸭签正随她们的步伐微微颤动——那用鸭肉糜塑成的新荷还沾着晨露，薄如蝉翼的萝卜雕作花瓣，一簇花蕊，竟是用金丝燕窝做成。

随着宾客们陆续入座，宴会厅内渐渐热闹起来，但那份庄重与典雅却丝毫未减。乐工们身着鲜艳的服饰，在宴会的一角奏响了悠扬的乐章，旋律悠扬，如同天籁，让人心旷神怡。皇后娘娘面带微笑，举止端庄，与宾客们交谈甚欢，那份从容与自信，让人不由自主地被她的魅力所吸引。

　　在那灯火璀璨、月华如练的夜晚，临安皇宫的宴会厅内，一道道精心烹制的菜肴被依次端上桌来，每一道菜都如同一幅精美的画卷，赏心悦目，让人目不暇接。

龙凤呈祥，触动心灵

　　主菜"龙凤呈祥"甫一亮相，便引得席间贵胄们轻声赞叹。这道承载着大宋皇室祈愿的御膳，以整鸡喻龙、整鸭拟凤，将

图2-4　〔南宋〕佚名　《春宴图》之宴席　（故宫博物院藏）

天地和谐的吉兆化作餐桌上的珍馐，亦是对"圣人作而万物睹"祥瑞之景的礼赞。

　　这道宴席主菜自有其规制。御膳选料向来讲究"取之有时，用之有节"。采购者需提前七日采买，鸡必选临安城郊农户散养的"九斤黄"，取其冠红羽亮、雄姿英发之态；鸭则是从西湖深处网得肥硕的绿头鸭，取其"春江水暖鸭先知"的鲜活之味。这些食材经太官署查验合格后，方可用宫廷特供的泉水清洗。调制酱汁更是宫廷秘传之技。御厨们以陈年豆豉熬制高汤，佐以天台云雾蜜、严州糯米酒，再配伍紫苏、茴香、草果等八味香料，经三日三夜文火慢煨，方能成就这集咸鲜、甘醇于一体的秘制卤汁。

　　先将处理好的鸡鸭以花椒、盐巴搓揉，再用棉纸裹紧入瓮，以绍兴黄酒淋透，静置半日逼出腥气。蒸制时，选用产自婺州的青竹蒸笼，内置浸透荷露的荷叶，既保留原味又增添清香。为控火候，御厨需依漏刻计时，待蒸笼升腾起袅袅白雾三刻后，方揭开笼屉 —— 此时的鸡鸭表皮油润如琥珀，肉骨轻触即离，蒸腾的热气中飘散着豉香、蜜甜与药香交织的复合香气。最见匠心的当数摆盘艺术。御厨以雕工精细的萝卜为祥云，翠绿的芹芽作枝叶，将昂首的鸡与蜷身的鸭摆成"双龙戏珠"之势。既蕴含对称美学，亦呼应《周易》"云从龙，风从虎"的卦象。当鎏金食盘置于朱漆案几，烛光映照下，菜肴宛如一幅流动的《瑞应图》。

　　席间，贵妇们用银箸轻挑鸭肉，舌尖刚触到入口即化的脂膏，便不禁微蹙黛眉，显然是被这超乎想象的腴美所惊艳。老学士

们则吟起 "人间有味是清欢" 的词句，却又忍不住频频举箸。这道凝聚着天工与巧思的御膳，不仅是味觉的盛宴，更让陈澄真切触摸到了南宋饮食文化的精髓 —— 在一蒸一酿间，在一雕一琢中，尽显盛世风华。

鱼跃龙门，追寻超越

席间还有另一道菜同样引人注目。只见青瓷盘上，两尾鲤鱼曲身昂首，恰似正逆浪腾跃，鱼身刀纹如鳞片翻卷，衬着用胭脂萝卜雕成的丹阙楼阁，竟将"黄河二尺鲤，本在孟津居"的传说，化作了眼前的珍馐。临安鱼市每日寅时开市，膳房采办必赶头筹，专挑那晨光中鳞片泛着虹彩的鲜活鲤鱼。鱼鳃翕张间犹带西湖晨雾，鱼尾甩动时水珠飞溅如珠玉，方合"鱼龙变化"的祥瑞之意。烹制此菜，需格外精细。御厨执银刀，在鱼身斜剖出麦穗纹，每刀间隔皆用竹尺量度，既要深及鱼骨便于入味，又不可斩断鱼形坏了祥瑞。腌渍时，以严州梅酱、临安蜂蜜、绍兴黄酒调制成"三酿汁"，佐以多味香料，用粗麻纸裹紧鱼身，入瓮封泥，经七日七夜方得醇厚。蒸制时，特选青竹蒸笼，内置浸透荷露的荷叶，启笼时，鱼肉竟呈现出半透明的琥珀色。当鱼盘置于金丝缠枝纹银托上，鱼眼处点缀的枸杞宛如明珠，鱼嘴衔着的笋丝恰似祥云，蒸腾热气中仿佛真有龙门气象。陈澄学着邻座贵妇执银箸轻挑鱼肉，入口瞬间便被惊艳 —— 鱼肉经古法腌制，外层裹着梅酱的酸甜，内里却保留着活鱼的清甜。陈澄望着青瓷盘中残留的鱼形，忽觉这道菜何止是珍馐？它分明是南宋文人将"学而优则仕"的理想，烹入鱼肉的肌理；把"鲤鱼化龙"的传说，雕进盘饰的纹样。在这道菜里，她触摸到了千年前士大夫们"为天地立心"的炽热，也读懂了平凡生活中对超越的永恒追寻。

波斯胡椒，回味无穷

宋朝，一个海上丝绸之路繁荣的时代，来自遥远波斯的商船带着异域的珍宝与香料，穿越重洋，抵达这片富饶的土地。其中，一种名为"波斯胡椒"的调料，以其独特的辛香与热烈，迅速在大宋的宫廷与民间流传开来。它不同于本土的香辛料，波斯胡椒带有一种更为深沉、复杂的香气，仿佛能瞬间点燃食客心中的热情之火。

要制作这道"波斯胡椒羊肉"，食材的挑选自然是首要之务。羊肉，作为大宋人餐桌上的常客，其品质好坏直接关系到菜肴的成败。御厨们深知，唯有选用产自北方草原、饲养于蓝天白云下的羯羊肉，方能保证肉质的鲜嫩与风味的纯正。这种羊肉，脂肪分布均匀，肉质细腻无膻，是制作此菜的不二之选。

而波斯胡椒，则是从遥远的波斯国运来，每一粒都经过严格筛选，确保其香气浓郁、辣而不燥。此外，为了增添菜肴的层次感与色彩，御厨们还会准备一些时令蔬菜，它们将在烹饪过程中与羊肉、胡椒相互交融，共同演绎出一场味觉的盛宴。

在宋朝，烹饪不仅是一门技艺，更是一种艺术。御厨们制作"波斯胡椒羊肉"时，巧妙地将传统的烹饪技法与波斯的风味元素相结合，从而创造出一种全新的烹饪方式。

首先，将选好的羊肉切成大小均匀的块状，用清水浸泡去除血水，再用黄酒、姜片腌制片刻，以去腥增香。随后，将腌制好的羊肉块放入沸水中焯水，去除表面浮沫，使肉质更加紧实。

接下来，便是烹饪的关键步骤。御厨们取一口大铁锅，先以少量油脂润锅，然后放入切好的配菜，小火慢炒，直至锅中弥漫起一股浓郁的蔬菜香气。

随后，将焯水后的羊肉块放入锅中，大火翻炒至表面微焦，锁住肉汁。紧接着，撒入一把波斯胡椒粒，顿时，一股辛辣而又不失清新的香气扑鼻而来，与羊肉的鲜美相互交织，形成了一种前所未有的味觉冲击。

此时，御厨们会加入适量的清水或高汤，水量需没过羊肉，然后加入适量的盐、酱油等调味料，调味不宜过重，以免掩盖了羊肉与胡椒的本味。随后，盖上锅盖，转小火慢炖。在这个过程中，羊肉的鲜美与波斯胡椒的辛辣在汤汁中缓缓交融，彼此渗透，直至肉质酥烂、汤汁浓稠。

当"波斯胡椒羊肉"烹饪完毕，御厨们将肉和配菜一同捞出，摆放在盘中，再将浓郁的汤汁浇淋其上，使每一块羊肉都裹满了浓郁的汤汁与波斯胡椒的香气。最后，撒上一些葱花作为点缀，增添一抹清新的绿意。

宾客们围坐一堂，对这道菜赞叹不已。他们夹起一块羊肉，送入口中，瞬间被那独特的口感与风味所征服。羊肉的鲜嫩与波斯胡椒的辛辣在舌尖上交织、碰撞，形成了一种难以言喻的美妙体验。每一口都是对味蕾的极致挑逗与满足，让人回味无穷。

　　"波斯胡椒羊肉"的诞生，不仅是烹饪技艺上的一次创新尝试，更是文化交流与融合的生动体现。它让陈澄看到了宋朝人开放包容的心态与对美好事物的不懈追求。无论是宫廷还是民间，人们对新鲜事物都充满好奇与探索精神。正是这种精神，推动了饮食文化的不断发展与繁荣，也为后人留下了无数珍贵的味觉记忆与文化遗产。

　　当陈澄再次品尝这道"波斯胡椒羊肉"时，不仅能够感受到那份跨越时空的味觉享受，更能够深刻体会到那份文化的交融与传承。

　　在这场宫廷御宴中，陈澄深刻体会到了皇家饮食的奢华与讲究。从食材的选择到烹饪的技巧，从餐具的使用到餐桌的礼仪，无一不透露着皇家的尊贵与雅致。

　　食材方面，皇家御膳房精选上等的食材，无论是山珍海味还是时令果蔬，都力求新鲜、优质。烹饪技巧上，御厨们更是精益求精，他们不仅注重火候的掌握和调料的搭配，还注重菜肴的色、香、味、形俱佳。餐具方面，则选用精美的瓷器或金银器皿，每一件都价值不菲，彰显着皇家的奢华与气派。

　　餐桌礼仪更是严格至极，宾客们需按照规定的顺序入座、用餐，不得随意交谈或离开座位。整个宴会过程中，都弥漫着一种庄重而神圣的氛围，让人不禁对皇家的威严与尊贵心生敬畏。

　　夜色浸染着宫门铜钉时，陈澄最后望了眼飞檐上的脊兽。鎏金宫灯在她身后次第熄灭，而席间饭菜的鲜香，仍萦绕在袖间发梢。这场从现代闯入南宋御宴的奇妙际遇，让她亲历了《山家清供》里记载的精致，触摸到《东京梦华录》中描摹的繁华。此刻的她，心中涌动的不只是对美食的眷恋，更是对先民智慧的赞叹和对中华饮食文明绵延不绝的由衷骄傲。

第二节　御膳揭秘，佳肴纷呈

在宋朝那幅细腻温婉的历史长卷中，宫廷御宴无疑最为绚烂夺目。那里，每一道菜肴都不仅是味蕾的享受，更是文化与艺术的结晶，承载着皇家的尊贵与雅致。

此时，夜幕低垂，月华如练，陈澄漫步于宫城的幽深走廊之中，心中怀揣着对宫廷御宴无尽的好奇与向往。一阵诱人的香气自远处飘来，牵引着她的脚步，她最终停在了那扇古朴而庄严的膳房门前。门缝间透出的微弱光线，仿佛就是通往另一个世界的秘密通道，引领着陈澄踏入了一场关于美食与历史的梦幻之旅。

御厨老潘，一位年逾五旬、面容慈祥的老者，正站在巨大的灶台前，手持长勺，专注地翻炒着锅中的食材。他的动作娴熟而有力，每一次翻动都透露出多年积累的经验与技艺。见到陈澄，老潘微微一笑，眼中闪过一丝不易察觉的惊讶，随即邀请她靠近，准备让她亲眼见证宫廷御膳的非凡魅力。

"陈娘子既对馔食有兴趣，且让在下为您介绍一番。这第一道菜，叫作山煮羊。"

苏文熟，吃羊肉

"咱们宋人，多爱吃羊肉。开国初，太祖皇帝为整肃奢靡之风，就立下过只吃羊肉的规矩。士子们登科及第，做了官后，得到的奖赏里，也有羊肉。久而久之，这羊肉就变成了一种'身份'的象征。'苏文熟，吃羊肉。苏文生，吃菜羹。'说的可不就是这个理？

图2-5 〔南宋〕陈居中 《四羊图》 （故宫博物院藏）

"羊肉能做很多菜，以熟肉腌制的'羊肉旋鲊'，以明火炙烤的'炙子骨头'，将羊放在坑炉里整只烤熟的'坑羊'……凡此种种，不一而足。其中有道菜，用料不多，最能凸显羊肉本身的味道，颇合返璞归真之意，就是那'山煮羊'。

"要说'山煮羊'，做起来也简单。只是要突出一个鲜字。做这道菜呢，不需要太多调味。把羊肉切成大块，放锅里，加泉水没过，加点花椒、小葱去去腥膻，文火慢煮即可。其紧要处，在于杏仁，加了杏仁之后，羊肉更容易炖得酥烂。羊肉香与杏仁香混合在一起，味道极是鲜美。"

见陈澄听得入神，看得入神，老潘淡然一笑说："我再为你介绍一道蟹酿橙吧。"

蟹酿橙香，金秋盛宴

蟹酿橙，顾名思义，是将鲜美的蟹肉与清甜的橙子巧妙结合，创造出的一道菜。这道菜不仅口感独特，更蕴含着深厚的文化底蕴和季节的韵味，是宋朝宫廷御宴中不可或缺的一道珍品。

据老潘说，蟹酿橙的创制灵感源自一次偶然的邂逅。某年秋日，宫中举行盛宴，御厨们正为如何烹制出新颖美味的菜肴而苦思冥想。恰逢此时，一位江南的进贡使节带来了一批上好的大闸蟹和几筐金黄的橙子。御厨们灵机一动，决定将这两种看似不搭界的食材融合在一起，没想到竟创造出了令人惊艳的美味。自此，蟹酿橙便成为宫廷御宴中的一道特色菜品，深受皇室成员的喜爱。

图2-6　〔南宋〕佚名　《荷蟹图》　（故宫博物院藏）

　　不过，为使口感达到最佳，烹饪蟹酿橙需遵循严格的选材和烹饪原则。

　　蟹酿橙，离不开螃蟹和橙子。取三五只膏黄饱满的雌蟹，七八枚色亮香浓的鲜橙，另辅以姜末、盐、黄酒、糖、醋及清水即可。用寻常竹木小签剔卸蟹肉，以瓷碗盛之，陶瓯调馅，再备陶甑与炭炉以供蒸制。

做好这道菜，耐心和手艺缺一不可。一是拆蟹肉，需耐着性子，以竹木小签细细剔出蟹黄蟹肉，再略施黄酒姜末以去其寒腥，保持本味。二是制橙盅，要在橙子顶端以小刀旋开寸许圆盖，以利刃划格其中，再用镂花银勺轻剜其瓤，得橙盅一只，橙香内蕴，形制宛然。

调和滋味也很关键，将拆出的蟹黄蟹肉与姜末、盐、黄酒、糖、醋相融于瓯中，徐徐搅匀。酸甜咸香，贵在相济，分寸之间，全凭庖人手眼心法。填好的馅要小心填入橙盅中，轻按压实。此刻橙子清芬已悄然渗入蟹馅，鲜甜交融之味，呼之欲出。

最后，还要把装了蟹肉的橙盅放在陶甑中蒸制。将陶甑至于炭炉上，用中火徐徐蒸上一刻有余。火候须得稳当，既不可急切令橙皮迸裂，亦不可迟缓致馅老失鲜。待甑盖微启，但见热气氤氲蒸腾，橙之清冽与蟹之腴美浑然一体，馨香盈室，诱人垂涎。

蟹酿橙的滋味，远不止于舌尖。当细腻的蟹肉、浓郁的蟹黄，裹着清甜的橙香在口中化开，那一刻，仿佛跌进了宋人描摹的画卷里。周遭的喧嚣淡去，烦忧也像被那缕橙香轻轻卷走了，只余下满心的熨帖。

这道菜，是宋朝厨房里长出的玲珑心思。它静静诉说着彼时庖厨的手艺，也透出古人对一餐一饭的讲究。舀一勺送入口中，恍惚间，像是与千年前的某个黄昏打了个照面，瞥见了那份属于旧时光的、不慌不忙的精致。

宋嫂鱼羹，西湖传奇

夜色渐浓，御膳房内灯火通明，温暖的光芒洒在每一寸角落，将古老而神秘的烹饪技艺映照得更加生动。陈澄与御厨老潘的交谈，如同潺潺流水，在这静谧的夜晚中缓缓流淌，每一句话都蕴含着对美食的热爱与探索。

老潘紧接着又为陈澄介绍了一道名为"宋嫂鱼羹"的菜。

相传，汴京城内有位名叫"宋五嫂"的厨娘，以擅长制作鱼羹而闻名。靖康之变后，她随南迁的人来到这临安城中，在西湖边卖鱼羹为生。一日，官家乘船游西湖，身旁的内侍听见有人以汴京口音叫卖，认出了宋五嫂。官家听闻此事，感慨他乡遇故知，便召宋五嫂上船，命她献上拿手鱼羹。品尝了这碗带着家乡滋味的鱼羹后，官家赞不绝口，想到宋五嫂年事已高，从汴京追随至此地殊为不易，又赏赐她金银财物数种。此事传开后，"宋嫂鱼羹"声名远扬，引得富家大贾竞相购买，成了驰誉一方的名菜。

要做这道菜，得选一条重一斤半至两斤的鲜活鲈鱼，取其肉质细嫩、刺少者为佳。鱼身经过去鳞、除脏、去头尾，只留精华部分。随后，用刀沿鱼骨仔细片下鱼肉，这鱼片讲究薄厚均匀、形态完整。片下的鱼肉再被细切成丝，以清水漂净血水与腥气。

将切好的鱼肉置于碗中，加入少许盐、黄酒、胡椒粉和葱姜水，轻轻拌腌片刻，使其入味。同时，备好的火腿、竹笋、香菇也被切成细丝，这些辅料不仅能增添色泽口感，还能增加

图2-7　〔南宋〕赵克夐　《藻鱼图》　（大都会艺术博物馆藏）

羹汤的鲜香。另取鸡子白与豆粉调匀，制成细腻的糊状，这是赋予宋羹那标志性爽滑质地的关键。

　　把腌制好的鱼肉丝与火腿丝、笋丝、香菇丝一同放入陶制炖盅，倾入足量的清汤，再把炖盅置于炭火风炉之上，先以旺火烧开，旋即转为文火慢煨。煨炖之时，需不时小心撇去汤面浮沫，务求汤色清亮，令诸般食材的滋味在悠悠慢火中交融渗透。待鱼肉丝熟透，羹汤渐浓，便是拢汤定味之时。徐徐淋入调好的鸡子糊，同时依据口味调入盐与胡椒粉。淋浆之际，需以竹箸或木匙不停手地快速搅动，防止浆液结块，确保羹汤匀滑如脂。

最终，当鱼羹变得浓稠莹润，色泽通透诱人时，便是起锅之刻。至此，一盅凝聚着匠心的宋嫂鱼羹便告完成，静待品鉴。

一匙鱼羹入口，陈澄恍惚跌进了临安的街市。细腻的鱼肉在舌尖化开，融着汤的鲜醇，火腿、笋丝、香菇的滋味次第浮现，纠缠又分明。没有繁复的修饰，不过是寻常的鱼、汤与山野时鲜，却能在碗底酿出这样悠长的回响。

她静静坐着，任那温热的羹在口中流连。眼前仿佛晃过西湖边某个忙碌的身影，是传说中的宋五嫂吗？灶火映着她的脸，汗水混着笑意。这碗羹，像是从高宗游湖那日的炉火上直接端来的，还带着往昔的烟火气。

第三节　饮食文化，秩序井然

晨光初破晓，御膳房内却依旧灯火阑珊，暖意融融。陈澄与御厨老潘的交谈，如同细水长流，在这古老而庄严的空间里缓缓铺展，不仅限于美食的探讨，更深入到宋朝宫廷那繁复而精致的礼仪文化之中。

"哎呀，看我这记性，竟忘了时辰。"陈澄轻拍额头，脸上露出一个充满歉意的笑容，但眼中那份对未知世界的好奇与渴望却丝毫未减，"老潘，既然我们聊到了御膳，不妨再讲讲宫廷饮食的礼仪规范吧？我一直对这些充满了好奇。"

老潘闻言，嘴角勾起一抹温和的笑意，他看得出这位年轻女子对馔食的热爱与尊重，于是缓缓点头，准备引领陈澄踏入一场关于宋朝宫廷礼仪与饮食文化的探索之旅。

宫廷礼仪，秩序之美

宋朝宫室深处，连空气都仿佛浸透了规矩。日复一日，举箸、传膳、进馔、撤席，每一个细微的动作，都落在早已织就的、无形的经纬之上。

图2-8　〔南宋〕林椿　《葡萄草虫图》　（故宫博物院藏）

　　御案上的食馔，精工细作，宛如时令的信使。春日玛瑙盘里盛着掐尖的嫩笋，秋日金银平脱的食盒中码着新采的蟹黄。一道菜的配色，几枚果子的堆叠，都在无声地诉说着节气的流转与四方的物华。但这仅仅是浮光掠影。从岭南快马运抵的荔枝，由哪位内侍监收；御厨里经几道工序，又由哪位御厨做出；最终，以何种名目的金银器、玉盏或华贵漆器，依着严格的次序，由哪位品阶的宦官稳稳捧至御前；由哪位尚食女官尝菜，君王如何以玉箸或金匙轻点，群臣如何同步举盏，皆有定规，纹丝不乱，不容丝毫僭越。

官家端坐于上，静穆自成威仪。他持金杯的角度，尝羹时玉匙入口的深浅，甚至咀嚼时下颌微动的幅度，都成了殿下无数双眼睛暗暗描摹的范本。殿下众臣，依品级高低，次第列坐于各自的食案之后。席间只闻衣衫窸窣，箸匙偶尔轻触金银盏盘或漆木食案的边缘，发出极细微的闷响或清音，旋即归于谨慎的寂静。一举手一投足，皆在无形的尺度之间，收敛着各自的份位。

在这里，饮食并不只是果腹之事，而是秩序在杯盘碗盏间的无声演练。每一口珍馐入喉，都伴随着对这套繁复礼仪的认可与施行。或许，正是这份对分寸近乎苛刻的执着，才让宋朝宫墙内的饮食之道，在时光的淘洗下，沉淀出格外坚硬的内核。引得后世翻开泛黄的书页，隔着墨香，亦能遥想那殿宇深处，在端肃凛然中透出的一丝不苟的雅意。

回望重重宫门之内，令人心折的，何止是器物的华美与肴馔的丰赡？更是那渗透在每一次布菜、每一次咀嚼里的，对"秩序"二字深入骨髓的尊崇。那是一种无须言说的教养，一种将人间烟火不动声色地化为了庄严仪典的静默力量。

座次安排，尊卑有序

在宋朝那辉煌璀璨的宫廷宴席上，座次的安排宛如一幅精

图2-9　〔南宋〕马远　《华灯侍宴图》之侍宴场景　（台北"故宫博物院"藏）

心绘制的图谱，一笔一画都透露出尊卑有序、等级分明的严谨与庄重。按照传统、大宴群臣时，官家，也就是皇帝，会端坐在由四座大殿，围出空间的北面高台上，那金色的龙椅仿佛是他权威与地位的象征，高高在上的位置，让人望而生畏，心生敬仰。

圣人，作为皇帝的伴侣与后宫之主，其座位则被巧妙地安排于皇帝的左侧稍后之处，彰显着皇后在后宫乃至整个宫廷中的尊贵地位。她的存在，如同那温婉的月光，为这庄严的宴席增添了几分柔和与温馨。

赴宴的百官会按身份高低坐在四周的连廊内，东西两面坐的官员身份较高，官职低微一些的，只能到南面走廊落座。座次的安排，远不只是排个座位那么简单。它无声地言说着皇权的至高无上，也维系着整个宴席的秩序。每一个位置，都严格依循着品级高低划定，容不得丝毫错乱。如此安排，既是为了宴会顺畅，更是为了彰显天子的威仪。

这样的座次安排，不仅仅是简单的位置分配，更是皇权至高无上、社会井然有序的深刻体现。每一个席位的确立，都经过了严格的考量与规划，确保了宴会的顺利进行与皇权的绝对威严。

进餐礼仪，动静有范

待官家与圣人坐定，教坊司的乐声便悠悠响起，舞旋歌绕，一直要持续到宴席终了。每过一段歌舞，官家便会举盏示意。

这时，司膳内侍便悄无声息地近前，替官家换上新的热酒，同时撤下几道旧肴，再端上两道新制的菜肴。四围的百官们，目光始终不离御座。官家举盏，他们便随之举盏奉箸；官家箸指某菜，他们才跟着动箸；官家凝神看舞，满殿的目光便也齐齐投向那舞旋的中央，无人敢分心他顾。

殿内只闻得乐声、歌声、舞袖带起的风声。席间，偶有箸匙轻碰盏盘的微响，或是邻座间极低的、几乎含在喉间的几句交谈。无人高声喧笑，更无人随意离席走动。即便是挪动一下坐姿，或是抬手理一理衣袖，也都做得轻缓克制。众人执箸的手势甚是稳当，起落间分寸恰好。夹起菜肴，稳稳送入口中，入口时必待齿舌细抿，缓缓咽下方才再动。那神情，倒不像在享用珍馐，反似在审度一件件精微的物事。

这宫廷宴席上的规矩，远非做做样子。它渗入骨子里，让人对着满案珍馐，也不敢放肆吃喝，反倒生出几分沉静的敬畏来。这敬畏，既对着天地精华所化的食馔，也对着庖厨里彻夜不眠、调鼎烹鲜的无数双手。细品这席间的风雅，与其说是尝味，不如说是体味一种活在规矩中的分寸——懂得在至味面前敛息屏声，懂得在享用之余心存感恩。

礼仪饮食，社会镜像

宋朝宫廷的规矩极严，这规矩也浸透了每一场宴席。席上坐谁、怎么坐，吃什么、用什么器具，处处都透着等级高低。这不仅仅是吃饭，更像是在无声地展示着谁是君主，谁是臣子。

支撑着这些繁复仪式的，是宋朝人对于饮食本身的讲究。他们追求食材新鲜，烹饪精细，讲究味道调和。这份讲究，离不开那时富庶安稳的日子和雅文化兴盛的风气。同时，这样精细分明的宫廷饮食，也让那等级森严的秩序，在杯盘碗盏间显得更加理所当然，吃饭的人吃着吃着，也就更认这个理儿了。

所以说，宫里的宴席规矩和吃食是分不开的。一方面，官家和圣人的御膳最是稀罕珍贵，做法也最精妙。百官们吃什么、用什么样的碗碟，都按照官职大小来定，从御座往下，一层层减下去。这差别，从端上桌的菜到盛菜的盘子，一眼就能看明白。另一方面，这宴席也成了不同地方官员交流的场合。席上，官员和家眷们聊聊家乡的风味，聊聊怎么做的、什么讲究。北方的腌货，南方的鱼鲜，这么一来二去，对各自的风土人情也多了些了解。这交流，让宫里的饭桌滋味更丰富，也多少让这森严的规矩底下，透出点活络气儿。

晨光透进御膳房的窗棂，陈澄和老潘的话头也渐渐收了尾。这一番谈论，让陈澄实实在在地见识了宋朝宫廷吃饭穿衣般的严整规矩，也更明白了，这饭桌上的菜品和座次，以及那宫墙外头森严的等级，原来根子都缠在一处。

烹饪技艺，精湛绝伦

陈澄此番经历，最让她觉得新奇的，倒不是菜肴的搭配与口味，也不是繁复严格的用餐礼仪，而是宫里头那套做菜的门道。

宫里的御厨，手上是真有功夫。煎、炒、炖、煮，样样都使得精熟。他们收拾一条鱼，刮鳞去脏，片肉切丝，那刀快得只见影子，下刀又准又稳，片出来的鱼肉薄厚匀停，透着光。火候也拿捏得极好，该用猛火催出香气就用猛火，该用文火慢慢煨透就用文火。做出来的菜，看着鲜亮，闻着喷香。

调味的讲究更让陈澄开了眼。花椒的麻、生姜的辛、大蒜的冲、茱萸的辣、糖的甜、酱的醇、醋的酸……灶台边瓶瓶罐罐摆得满满当当。御厨们配起料来，手稳得很，分量多一分少一分，味道就差远了。他们能把咸、鲜、酸、甜调和得层层叠叠，一口下去，滋味在嘴里慢慢化开，让人忍不住细细咂摸。

最令陈澄叹服的，是那份用在"看相"上的心思。菜不单要好吃，还要做得像幅画儿。萝卜能雕成花，瓜果能堆成小景，连盛菜的盘子碗盏都挑得应时合景。一道菜端上来，还没动筷子，光看那样子，就够人赏玩半晌。宫里的贵人们，可不就是先饱了眼福，再享那口福吗？

见识了这些，陈澄才真正懂得，这宋朝人过日子，硬是把"吃喝"二字，也磨出了道行。

饮食风尚，雅致清新

这次赴宴与交流经历，让陈澄对南宋雅致而清新的饮食风尚有了进一步的认知。在这里，饮食不仅是为满足口腹之欲，更是一种生活美学的体现、一种精神追求的表达。

在宫廷宴席上，每一道菜肴都像是精心雕琢的艺术品。御厨们以匠心独运的手法，将食材的本真之美发挥得淋漓尽致，

图2-10 〔北宋〕赵佶 《文会图》之宴席场面 （故宫博物院藏）

同时又不失创新与变化，使得每一道菜都充满了惊喜与期待。
而与之相配的餐具，更是精致绝伦：玉器晶莹，剔透生辉；金
银器则闪耀着贵族的奢华与尊贵。这些餐具不仅提升了宴席的
档次，更与菜肴相得益彰，共同演绎了一场视觉与味觉的盛宴。

　　除了餐具的精美，宴席的环境布置也极为讲究。以山水花
鸟为主题，通过屏风、挂画、盆景等元素的巧妙搭配，营造出

一种清新脱俗、自然和谐的氛围。宾客们在这样的环境中用餐，仿佛置身于山水之间，心灵得到了极大的放松与愉悦。此外，宴席上还常有丝竹之声相伴，悠扬的音乐与佳肴、美酒相互交织，构成了一幅幅动人心弦的画面。

　　宋朝的饮食风尚，正是这种雅致与清新的完美结合。它不仅仅体现在宫廷宴席上，也渗透到了民间生活的方方面面。无论是文人雅士的私家宴饮，还是市井小民的日常餐饮，都或多或少地受到了这种风尚的影响。人们开始更加注重饮食的品质与格调，追求一种简约而不失精致、清新而不失高雅的生活方式。这种风尚的形成，不仅推动了宋朝饮食文化的繁荣发展，更为后世留下了宝贵的文化遗产和审美典范。

第三章

市井烟火
味蕾奇遇

陈澄发现自己站在一条热闹的街上。阳光有些晃眼，空气里混着汗味、食物的香气，还有说不清是什么东西的味道。脚下是踩得光滑的青石板路，两边挤满了木头搭的铺子和摊子。人真多啊，穿着各色粗布短打的男人、梳着发髻的女人、跑来跑去的小孩子，把路都快堵满了。耳朵里嗡嗡响，全是讨价还价声、小贩扯着嗓子的吆喝声，以及牲口的叫声。桐油伞、竹篮子、粗瓷碗、花花绿绿的布匹、刚出炉冒着热气的蒸饼……这些东西对她来说不再陌生，但置身其中，那份浓烈的生活气息还是让她心头微动。她下意识地拢了拢衣袖，避开一个扛着麻袋的汉子，目光扫过那些熟悉的物件——她知道，她来到了一个不属于她时代的、活生生的临安集市里。

第一节　市井漫步，寻味之旅

晨曦初露，青灰色的天光下，瓦檐间还飘着淡淡的晨雾。陈澄穿着雨过天青色对襟褙子，脚上是普通的布鞋，走在渐渐热闹起来的市集里。她的步子不快，目光扫过路旁林立的店铺和摊位。

沿街叫卖声此起彼伏。蒸笼掀开，腾起大团白气，露出里面刚蒸好的馒头、包子；外皮酥脆的炙鸡和燠鸭散发着浓郁的香气；也有小贩守着热气腾腾的粥摊、汤饼摊。一个货郎担子上插着几串红亮的蜜煎雕花，吸引着孩童的目光。陈澄被这混杂着面食、油脂和香料的气味包裹着。

她在一处煎饼摊前停下脚步。摊主是位老丈，正熟练地用竹刮子在热铁鏊上摊开面糊，手腕一翻，磕入鸡蛋，再撒上葱花和几粒切碎的咸菜。动作麻利，带着经年的熟稔。

"女娘，尝尝老汉的煎饼？新出炉的，香脆！"老汉抬头招呼，笑容朴实。

陈澄点点头，摸出两枚铜钱递过去。接过热乎的煎饼，咬了一口，外层焦脆，内里软韧，带着葱香和咸菜的滋味。她慢慢嚼着，感受着这清晨市井间最寻常的一口温热。

市井寻味，百味交织

日头渐高，晨雾散尽。陈澄在街巷间穿行，拐进了一条窄巷。巷子两侧摆满了吃食摊子，人声嘈杂，正是市井烟火最浓处。巷子里各种气味混在一起，甜腻的、咸香的、辛辣的、鲜浓的，交织扑面。

陈澄吸了一口这混杂的空气，知道这趟穿街走巷，不只是找吃的，也是在贴近宋人平常的日子。

她先在一个年轻妇人的摊前停下。妇人穿着素净的石青色长袍，挽着髻，几缕碎发散在鬓边，正低头做着一种点心。只见她将做好的面团擀平，手指灵巧地拈起些染了色的果脯碎丁——红的像是樱桃脯，黄的像是杏干，绿的像是梅子肉——裹进饼皮里，再轻轻拢起饼皮，手指翻动几下，便又成了一个小面团，接着，妇人拿出几只形状各异的模子，用它们将面团压出诸如金鱼、石榴、苹果等不同的形状，看起来有趣极了。妇人说这叫"巧果"，下锅烙熟后才能食用，据说吃了巧果的人此后便能心灵手巧。

看毕巧果的制作，一股更浓烈的咸鲜香气随风飘来。陈澄循着香味走到一个卖咸菜的摊前。摊主是位老妇人，脸上刻着深深的皱纹，眼神却清亮。她正用长竹筷翻动着陶瓮里的腌菜。那些菜梗菜叶浸在酱色的汁水里，油亮亮的，散发出诱人的咸香。

老妇人见有人看，便说："自家腌的咸齑，用秋里收的雪

图3-1　〔南宋〕徐古岩　《寒菜图》　（大都会艺术博物馆藏）

里靧，盐梅子水浸了，封了瓮慢慢沤出来的。日子足了，味儿才正。"她声音沙哑，带着满足，"急不得，就跟过日子似的。"

陈澄听着，看着老妇人和那一瓮瓮咸菜，似乎触到了些宋人生活的底子。这些吃食，做法看着简单，却藏着年深日久的经验和过日子的道理。

日头偏西，巷子里的喧闹也渐渐淡了。陈澄往回走，心里装着这一日的所见所闻。她还要继续在这临安城里走着、看着、尝着，把这南宋市井的活气儿一点一点装进心里去。

茶楼围炉，时光印记

青石板路在脚下延伸，陈澄走在临安城的街巷里。空气中飘着市井惯有的烟火气，她的思绪却不由得飘向了这座城市承载的过往里。

路旁茶肆里，茶烟漫过窗格。隐约可见里面坐着些读书人模样的人，或低声交谈，或凝神看书，也有提笔在纸上写画的老儒。茶香混着墨味飘出来。陈澄想，或许数年前的茶楼，苏东坡也曾和友人这般在茶楼相遇，谈诗论文，针砭时弊，那些激扬文字、深沉忧思，就伴着茶香流淌出来。可惜，那些繁华已成旧梦。

她想起曾在书卷中读到的那些词句。比如陆游笔下"小楼一夜听春雨，深巷明朝卖杏花"的情致，或是辛弃疾在元夕灯火中寻觅"那人却在灯火阑珊处"的怅惘与寄托。这些文字，记录的不只是个人情怀，更是那个时代的风貌、市井的悲欢。

图3-2　〔北宋〕李公麟　《西园雅集图》之苏轼　（台北"故宫博物院"藏）

　　她又想到李清照，南渡后的词愈发沉郁。她若走在此时的临安街头，看着为生计奔忙的百姓，心中怕不只是"误入藕花深处"的闲情，更多是"如今憔悴，风鬟霜鬓，怕见夜间出去"的飘零之叹吧？这些词人，用笔墨为市井生活、为时代变迁做了注脚。

　　陈澄放慢脚步。茶肆里传出的低语、街上行人的面容、店铺招幌的字号……眼前这活生生的南宋市井，仿佛与书卷中那些文字描述的景象重叠起来。她明白，那些流传下来的诗词文章，正是穿透了时光，让她得以窥见这时代肌理的一扇窗。它们记录了平凡日子里的滋味，也承载了文人士大夫的忧思与抱负。

　　她驻足片刻，望着街巷深处。虽然无法亲自与这些人物交谈，但此刻身在临安，行走在同样的青石路上，呼吸着相似的市井气息，阅读着那些源自此间生活的文字，便仿佛触摸到了那份延续的文脉。这趟穿越，让她有机会更真切地去体会、去印证那些纸上的温度与重量。日影西移，她融入归家的人流，心中打定主意，要更用心地看，更仔细地听，把眼前这南宋临安的市井百态，都一一记录下来。

老店探味，庖厨承香

　　陈澄拐进一条深巷，想要寻访那些开了多年的食铺。巷子幽深，铺面古旧，木门板上的漆色都剥落了。

　　她推开一家挂着"丰和楼"招牌的店门，门轴发出干涩的吱呀声。一股浓厚复杂的香气立刻裹住了她——是酱肉、蒸点，还有说不清的老汤混合的味道。店里光线有些暗，陈澄拣了张靠窗的条凳坐下。窗外，暮光给石板路抹上一层暖色。跑堂端来一小碟酱鸭、一碟蒸糕、一碗羹汤。她慢慢吃着，酱鸭咸香入味，蒸糕松软微甜，羹汤暖胃。这味道，是经年累月打磨出来的实在。

　　这"丰和楼"里里外外，都透着时光浸染过的痕迹。跑堂引她到后厨门口看个新鲜。只见灶火正旺，几个厨子正穿着短褐，围着围裙，在烟气蒸腾中忙碌。铁锅翻飞，勺子磕碰，蒸笼叠得老高，热气直冒，一片热腾腾的景象。有人见她是生客探头探脑，倒也和气地招呼了一声。

其中一个年纪大些的厨子正在做一道瓠羹。见陈澄有兴趣，便让她近前看看。只见他选了个浑圆的瓠瓜，削皮去瓤，切成厚片。旁边木盆里泡着剁好的羊肉馅，拌着姜末、葱白、豆豉汁。厨子用筷子夹起肉馅，仔细填进瓠瓜片中间的空隙里，再码进砂锅，加上水、盐、几片姜，盖好盖子，煨在灶边的小火上。"得煨上半个时辰，肉味才进得瓜里，汤也清甜。"厨子一边忙活别的，一边随口说着。

陈澄在一旁看着火候，闻着渐渐弥漫开来的肉香与瓜香。过了一阵，厨子揭开盖子，热气混着香味扑面而来。他舀了一小碗递给陈澄："尝尝。" 汤色清亮，瓠瓜软糯，夹着的肉馅鲜香，滋味果然融合得正好。陈澄吃着，觉得这慢工细活出来的家常味道，格外熨帖。

掌柜的是个精瘦的老者，闲时也靠在柜台边和人搭话。说起这店，他用抹布抹了抹柜台："这铺子，打我爷爷那辈就在这儿了。早先是城外送柴的脚店，后来攒下钱，才慢慢有了这间门脸。东西么，就是街坊们吃惯的那几样，靠个实在。" 话不多，语气里带着点自得，也透着对这份营生的踏实。

陈澄在"丰和楼"里外待了半晌，看他们忙活，尝了几样吃食，听了几句闲谈。这些老铺子，没那么多传奇故事，靠的是年复一年守着灶台、琢磨味道、招呼熟客的本分。这份日积月累的功夫和人情，就是它们立在这临安城里的根底。

暮色渐浓，她走出店门。巷子里已点起了灯笼。她记下了那瓠羹的做法，也记住了厨子填馅时专注的神情和掌柜说话时的语气。

夜访木铺，静观匠心

月光照着青石板路，陈澄在巷子里走着，被一阵有节奏的敲凿声吸引。循着声，她停在一间临街的木匠铺子前。铺门虚掩，透出昏黄的油灯光。

她轻轻推门进去，一股新削木头的清香气和淡淡的桐油味混在一起。铺子里，一位老匠人正弓着背，凑在油灯下，用凿子对付一块木头。他手上的凿子又稳又准，一下一下，木屑簌簌地掉。听见门响，他略抬了下眼皮，手下没停，只含糊地"唔"了一声算是打招呼。

陈澄没出声，站在一旁看。老匠人刻的是个妆匣。匣子四角已显出圆润的弧线，侧面正被他凿出浅浅的缠枝莲纹。灯光映着他专注的侧脸，额上的皱纹里积着些木尘。他刻一会儿，就用粗糙的指腹在刻痕上抹两下，试试深浅。

陈澄看着他那双骨节粗大、沾满木屑的手，一下下地落凿、抹平。铺子里只有凿木头的笃笃声和刨花落地的轻响。她想起白日里在街市上见过的那些木器——小贩的推车、食肆的桌椅、妇人用的梳匣——原来都是这样的手，在这样的灯下，用一块块木头做出来的。没什么惊天动地的故事，就是日复一日的手上功夫。

她走近两步，小心地用手指蹭了蹭旁边一个做好的小木盒。木头表面还没上漆，能摸到清晰的刻痕和未打磨尽的毛刺。那实实在在的触感，带着点木头的温乎气儿，让她觉得比什么精美的说辞都真切。

老匠人刻完一段，直起腰捶了捶背，这才看清陈澄的模样。"女娘看木活儿？"他嗓音有点沙哑，拿起刚刻的匣子面给她看，"喏，就这路数。"

陈澄点点头，道了声"老师傅辛苦"，又站了一会儿，才退出铺子。巷子里月光清冷，身后那笃笃的凿木声，一下下，像是刻进了这临安的夜里。

舞龙舞狮，民俗之风

斜月挂在天边，临安城里却比白日更喧闹几分。陈澄跟着人流，涌到一处开阔地。这里人头攒动，锣鼓点子敲得震天响，中间空场上，正热热闹闹地耍着社火。

陈澄挤在人堆里，踮着脚看。只见十来个汉子，舞动一条扎得十分精神的长龙。那龙身是竹骨蒙布，画着鳞片，龙头上点着灯。汉子们踩着鼓点，把龙舞得上下翻飞，在人群围出的空场里穿行，引来阵阵喝彩。旁边还有扮作渔翁、樵夫、村妇的，踩着高跷，或推着纸扎的旱船，随着乐声扭动逗趣。

这正是临安城里常见的景象。逢着好日子，街坊凑钱，请人操办社火，图个热闹吉利，也是祈求风调雨顺、家宅平安。官府有时也出面组织，与民同乐。

陈澄看得入神。舞龙汉子们汗流浃背，吼着号子；看热闹的男女老少，脸上映着灯笼光，随着龙的闪转腾挪笑闹叫好；挤在她旁边的老妪，看着上下翻飞的龙，嘴里还念念有词地祈愿。空气里满是汗味、尘土气，还有香烛燃过的味道。这份热腾腾的、

图3-3　〔南宋〕佚名　《百子嬉春图》　（故宫博物院藏）

混杂着祈愿的喧闹，就是活生生的南宋节庆写照。

鼓声愈发急促，那龙灯舞得更快，绕着场子飞旋，灯笼光在龙身上拖出长长的光带。人群的欢呼也一浪高过一浪。陈澄被挤得晃来晃去，也跟着大声喝彩。这一刻，不分老幼贫富，都沉浸在这锣鼓声、叫好声和腾跃的光影里。

　　社火散了场，人潮慢慢退去。陈澄走在回客栈的路上，耳朵里还嗡嗡响着锣鼓点子。街巷里，三三两两的人还在兴奋地议论刚才的表演。她想起那老妪祈愿的神情，还有灯笼光下淌着汗的舞龙人。这夜里的喧腾，是日子里的盼头，也是寻常百姓扎扎实实的念想。

第二节　小吃集锦，风味独特

勾栏瓦肆间，袅袅烟火蒸腾起市井百态。油坊、茶肆、食摊沿御街鳞次栉比，糖稀在炉子上翻涌，大豆在锅中煮得软烂，混着刚刚烘烤好的胡饼香气，勾勒出独特的味觉图谱。

戏剧糖果，市井甘味

临安城里的吃食花样多，甜嘴的零嘴儿也不少。陈澄穿着素净的交领短衫，系着布裙，走在热闹的街市上。她瞧见路边一个糖画摊子，便走了过去。

摊主是位头发花白的老者，穿着洗得发白的短襦长裤，腰间系着一条长汗巾，脚蹬麻鞋。他坐在小马扎上，面前摆着个燃着小炭炉的挑子，炉上坐着个小铜锅，里头熬着金晃晃的糖稀。旁边石板上，抹着一层薄薄的清油。

老者手里捏着把长柄小铜勺，舀起一勺热糖稀。他也不抬头看人，只盯着面前光滑的石板，手腕子稳稳地悬着。只见他手腕轻轻一抖，那糖稀便拉成一条细亮的金线，稳稳地落在石板上。他手臂移动，金线也跟着走，拐弯抹角，流畅得很。几抖几转的功夫，一只昂着头的公鸡轮廓就显出来了。他又舀了一小滴糖，在鸡冠上一点，再勾出眼睛。最后用小铲刀沿着边一撬，竹签子往上一粘，一只透亮金黄、能透光的糖公鸡就成了。

旁边围着几个小娃儿，看得眼都不眨。一个穿着开裆裤的小小子，攥着两枚铜钱，巴巴地等着。老者把糖公鸡递给他，小娃儿立刻眉开眼笑，伸出舌头小心地舔了一下。

陈澄记得在《梦粱录》里读到过，南宋有"戏剧糖果"，像是"行娇惜""宜娘子""秋千稠糖"这些花样。亲眼见时，方知书中所写不假。糖画摊子画的多是讨喜的生肖、花鸟、简单的娃娃。熬糖的火候是关键，老了发苦发黑，嫩了不成形还黏牙。这老者的手艺一看就是几十年的功夫，糖稀稠度正好，画得又准又快。

陈澄也摸出两文钱，要了个蝴蝶。看着老者手腕翻动，糖丝飞舞，片刻间一只展翅的糖蝴蝶就落在竹签上。她接过来，糖壳薄脆，迎着光金灿灿的。咬一口翅膀尖，甜得干脆，带着点焦香。这甜味儿简单直接，是市井里最寻常也最实在的欢喜。

豆香弥漫，市井生计

一阵熟悉的豆腥气夹着热气飘过来，陈澄望过去，是个卖热豆乳饮的摊子。摊主是个壮实汉子，面前架着口大锅，锅里正咕嘟咕嘟地滚着煮得稀烂的黄豆。豆子已煮得开了花，水都成了浑白的浆。汉子用大笊篱把煮透的豆子捞起，倒进旁边一个架在木桶上的粗布口袋里。他扎紧袋口，双手用力挤压、揉捏布袋子，白生生的浆水就淅淅沥沥地滤进桶里。

　　滤好的浆水被重新倒回洗净的锅里，再烧火煮开。汉子拿着长柄勺不停地搅和，防止糊底。锅沿热气直冒，豆腥气渐渐被煮熟的豆香盖过。煮开的豆浆滚了几滚，汉子撤了柴火，让浆稍凉。

　　旁边摆着几个粗瓷碗，一碟粗盐，一碟切碎的咸菜丁。有赶早的脚夫、担水的妇人过来，摸出一两个铜钱："来碗豆乳。"汉子便舀起热腾腾的豆浆，冲入碗中，白汽直冒。客人自己撒点盐或咸菜丁，端着碗，有的就站着呼噜呼噜喝起来，有的蹲在路边石阶上，就着带来的干饼子吃。那锅里剩下的豆粕也不浪费，摊主会捞起来，或是自家吃，或是便宜卖给养牲口的人家。

　　这热豆乳，是临安城里不少早起营生人的寻常早饭。本钱不贵，一碗下肚，又暖又顶饱。

　　陈澄也买一碗。豆浆烫嘴，带着股纯粹的熟豆味，撒了咸

图3-4　〔南宋〕马麟　《豆蝶图》　（美国弗利尔美术馆藏）

菜丁，咸香压住了豆腥气，热乎乎地顺着喉咙滑下去，驱散了清晨的凉气。摊前人来人往，喝浆的、买浆的，没人谈什么风雅情怀，只图个实在的热乎劲儿，好接着忙活一天的生计。

酥香胡饼，糊口热食

陈澄走在路上，闻着各家摊子的吃食味，走到一个支着烤炉卖饼的摊子前。

摊主是个中年汉子，围裙上沾着面粉。他面前的案板上堆着一大块和好的面团，旁边几个粗陶盆里，分别盛着剁碎的羊肉馅、葱白段，还有一碗麻油。只见他揪下一团面，在案板上揉圆按扁，用擀面杖擀成圆片。舀一勺羊肉馅放中间，撒点葱白，再揪一小块荤油放上，然后拢起面皮边缘，捏紧封口，拍成圆饼坯子，再在饼上撒上一层胡麻。

炉子是个大陶桶，里面炭火烧得正旺。汉子用长柄铁铲把饼坯子一个个贴在炉膛内壁上。炉火烤着饼皮，噼啪作响，羊肉馅和荤油受热，肉香气便混着面香冒出来了。他得盯着火候，时不时转动一下饼，让它们烤得均匀。

过一会儿，饼皮变得焦黄鼓起，汉子用铲子把烤好的饼铲出来，摞在炉边的竹匾里。那饼子烤得鼓胀，皮酥脆，还沾着点炉灰。热气腾腾，香味直往人鼻子里钻。

有赶路的行商、刚卸完货的力夫过来，摸出几文钱："来个饼！"汉子递过去一个热饼。客人烫得两手倒换，吹着气，就站在炉子边大口咬下去。外皮酥脆掉渣，里面是咸香的羊肉和滚烫的油汁，混着葱味。吃得急了，油汁顺着嘴角流下来，赶紧用袖子抹一把。一个饼下肚，又顶饿又暖身，正好接着干活。

这胡饼，在临安街市上常见，方便赶路做活的人填肚子。眼前这炉火烤出来的饼，想必就是市井里最实在的一口热乎吃食。

刚出炉的饼烫手，咬开酥皮，肉馅的咸鲜和油脂的香气混在一起，葱味解腻。吃快了，也烫得人直吸气。陈澄记得胡饼与西域有关，随着丝绸之路的延伸而从西域走进中原，曾沦落为青州司马的白居易在升迁之际，还向自己的知交好友杨敬之寄过一些胡饼，请他尝尝味道与京师辅兴坊做的相比如何。而眼前烟气缭绕，炉子里的胡饼与最初的胡饼已大不相同，买饼的人来了又走，没有人再去追溯胡饼的由来，只图个饱肚实在。

第三节　市井岁节，烟火人间

临安城里，一年到头有不少节庆。正月十五上元看灯、清明踏青插柳、端午竞渡、中秋赏月，都是街坊邻里歇工相聚、寻些吃食乐子的日子。节令到了，城里自然就比平日更热闹几分。陈澄又一次穿越而来时，正好碰上正月十五，上元节。

上元灯暖，浮元香甜

天刚擦黑，临安城就亮了起来。陈澄穿着素净的夹袄布裙，挤在熙熙攘攘的人堆里。御街两廊和各处瓦子勾栏前，都扎起了灯棚，挂满了各色灯笼。有莲花灯、走马灯、方胜灯，也有扎成仙佛人物、鸟兽虫鱼的，映得街市亮如白昼。匠人做的灯精巧，但更热闹的是满街的人。小贩挑着放着果子、玩具的货架穿梭叫卖，卖汤食的摊子热气腾腾。

陈澄在一个挂着"浮元子"招牌的小摊前停下，摊主正麻利地揪下一小块糯米粉团，在手心搓圆按扁，包进一小勺芝麻糖馅，再团紧。旁边锅里水滚着，白生生的团子下进去，浮起来就熟了。想来这浮元子正是如今的汤圆。陈澄要了一碗，只用几枚铜钱。外皮软糯，芝麻馅流沙一样，又甜又烫，是上元节里最寻常也最暖心的滋味。

街上锣鼓点子敲得震天响。舞龙的汉子举着竹骨蒙布、点着灯的龙身，在人堆里挤出一条路，上下翻腾；踩高跷的扮着滑稽模样；猜灯谜的摊子前围着一群读书人模样的后生，对着灯上的谜面指指点点，猜中了就哄笑几声。陈澄跟着人流走，耳朵里灌满了叫好声、笑语声、小贩的吆喝声。

至于孔明灯，在临安这拥挤的街市上，并不见寻常百姓放。陈澄那点对家人的念想，也只在心里转了转，便随着人潮的喧闹淡去了。夜深了，灯渐次熄灭，人群慢慢散去，只留下满街的纸屑和食物的残香。

中秋月，月团庆佳节

转眼到了八月十五。入夜，一轮圆月挂在临安城青黑的屋檐上。陈澄换了件厚实些的布衫，出门走走。中秋是团圆节，城里虽不如上元节时喧闹，却也透着股和暖的劲儿。家家户户都在屋里或院中摆上瓜果，焚香拜月。青烟袅袅升起，在月光下交织成朦胧的纱幕，仿佛将人们的思念与祈愿送往天际。

街市上也有卖"月团"的摊子。陈澄走近看，那饼不过巴掌大小，面皮烤得微黄，有的印着个模糊的"月"字或简单的花纹。摊主说，馅多是豆沙、枣泥，也有裹了糖和果仁碎的五福饼。她买了一个豆沙馅的，掰开来，豆沙油亮，甜香扑鼻。吃着这朴实的甜饼，看着天上圆月，陈澄想起书里说苏东坡写的"但

图3-5　〔宋〕佚名　《拜月图》　（台北"故宫博物院"藏）

愿人长久"，此情此景，倒真应了那份盼人团圆的心意。此刻，她不禁思念起现代的家人，不知他们是否也在抬头望着同一轮明月。

小孩子们最乐，提着纸糊的兔儿灯、月亮灯在巷子里跑，烛光在纸壳里一跳一跳的。远处偶尔传来几声爆竹响，更添几分喜庆。也有人家在河边放些小的水灯，点点光亮顺着水流漂远，宛如银河坠入人间。陈澄在河边站了一会儿，晚风带着凉意。月光清冷冷地洒在河面，也洒在归家行人的肩头。这中秋夜，没那么多热闹的庆典，多是寻常人家关起门来，吃着月团，说着闲话，对着月亮祈愿家人平安。那份安宁平实，就是临安城里中秋的滋味。

正当陈澄沉浸在这古朴的中秋氛围中时，随身携带的《大宋食录》忽然发出亮光，光芒越来越盛，将她笼罩其中。等光芒消散，陈澄发现自己已回到了现代的家中。窗外，城市的霓虹灯与天上的圆月交相辉映，楼下的街道车水马龙。她低头看着手中不知何时出现的半块"月团"，饼上的"月"字依然清晰，甜香似乎还萦绕在鼻尖。这一场奇妙的穿越之旅，让她对传统节日有了更深的理解，也更加珍惜与家人团圆的时光。

陈澄回到书桌上，用自己的笔触记录下这个时代的点点滴滴，让那些被历史尘封的故事重新焕发光彩。她将描绘那些精美的月团、那些热闹的市集、那些欢笑的孩子们以及那些温柔的月光。同时，她也将把这份对传统文化的热爱与向往传递给更多的人，让更多的人感受到宋朝文化的独特魅力与深厚底蕴。

第四章

茶酒文化
雅致生活

第一节　茶韵悠长，共品醇香

临安城里，茶铺子遍地都是。从热闹街市的敞亮茶肆，到僻静巷尾的小茶棚，都是歇脚、谈事、听消息的好去处。茶不贵，一碗粗茶几文钱，是市井生活里少不了的滋味。

市井茶韵，点茶浮生

又一次，陈澄借助《大宋食录》走在南宋的街道上。一阵淡淡的茶香混着水汽飘过来，是个常见的茶铺子。铺子门口挂着块旧木牌，写着"王记茶汤"几个大字。

她掀开布帘进去。铺子里光线有些暗，摆着几张方桌条凳，坐了些歇脚的脚夫、谈生意的行商，也有两三个穿着长衫的读书人在角落里低声说话。空气里是茶叶沫子、炭火气和汗味混在一起的味道。

掌柜的是个精明的中年人，围着布围裙，正忙着伺候客人。他面前的案板上摆着几个粗陶罐子，装着不同价钱的茶末。只见他撮一小把茶末放进一个黑釉厚盏里，提起旁边炭炉上坐着的大铜壶高高冲下。水撞在茶末上，激起一层沫子。他拿起一

图4-1　〔南宋〕刘松年　《撵茶图》之备茶场景　（台北"故宫博物院"藏）

把小竹笼，在盏里快速搅打起来，动作麻利得很，盏里的茶汤沫子渐渐变得白厚细密。

陈澄要了一碗最便宜的"末茶"。掌柜的把那碗打好沫子的茶汤端过来，茶沫雪白，底下是青白色的茶汤。她学着邻座的样子，小口啜着。茶味浓，带着点苦，沫子在嘴里化开，又有点回甘。这碗茶下肚，赶路的疲乏消了些。

铺子里，跑堂的提着大铜壶穿梭添水，客人们或低声谈事，或默默喝茶歇息。角落里那几个读书人，对着茶盏低声吟了几句诗，又接着争论起什么典故。陈澄听着周围的市声，看着掌柜熟练的点茶动作，心想这"点茶"的功夫，在南宋茶铺里，也不过是伙计谋生的寻常手艺。那些文人诗画里的风雅，离这市井烟火气，其实远得很。

寻常茶器，世俗雅趣

陈澄看了看手里的茶盏，是常见的黑釉厚胎碗，盏底露胎粗糙，外面釉色也不均匀，沾着洗不掉的茶渍。陈澄指尖摩挲着茶盏边缘的粗糙颗粒，黑釉在暮色里泛着深沉的乌光，像极了现代咖啡杯底未化开的焦糖。铺子里用的多是这类结实耐用的粗瓷盏，也有几个白瓷碗，看着素净些，但也绝非什么名品。

煮沸茶汤的咕嘟声和茶盏堆叠时碰撞出的清脆声响混杂在一起，在梁间萦绕，几个白瓷碗随意摆在柜台边缘，碗口磕出星星点点的豁口，釉面的冰裂纹里嵌着经年累月的茶垢，倒比那些刻意烧制的开片更显岁月痕迹。这些寻常器皿，在掌柜抹布翻飞间泛着温润的光，倒像是被时光打磨出的璞玉。

掌柜的见她对茶盏多看了两眼，一边擦桌子一边随口道："小娘子看盏？这黑盏厚实，点茶沫子挂得住。白盏清爽，瞧着干净。都是街坊窑里烧的，好用就成。"他眼里只有实用，没半点鉴赏的雅兴。

陈澄想起前几日路过一个稍好些的茶楼，里面的茶器也不过是青白瓷的壶、盏，样式简洁。至于那些传说中"雨过天青

图4-2　〔南宋〕佚名　《饮茶图》　（美国弗利尔美术馆藏）

云破处"的汝窑，"薄如纸、声如磬"的秘色瓷，那是达官贵人、富商巨贾或者真正风雅文士家里才可能有的珍玩，绝不会出现在这市井小茶铺的粗糙木桌上。记忆里博物馆展柜里隔着玻璃的珍宝，与眼前沾着茶渍的粗瓷茶盏，像是隔着一场朦胧的雾。

茶喝完了，陈澄数出几文钱放在桌上。走出茶铺，街上的喧闹扑面而来。茶铺里的那点"清欢"，不过是劳碌生计里片刻的歇息。那些关于茶道、雅器、文人意趣的玄妙想象，在这临安城实实在在的烟火气里，显得轻飘又遥远。

晚风掀起陈澄的衣角，她回头望向在暮色里显得有些摇晃的茶铺，忽然想起数百年后博物馆里那些被射灯照亮的宋代茶盏。那时的展签上写着"建窑兔毫盏""龙泉青瓷茶碗"，釉色流转间皆是文人墨客的风雅意趣，却再也不见粗瓷碗底经年累月的茶垢。

历史长河悄然流淌，不知从何时起，茶炉上蒸腾的热气裹着市井吆喝，渐渐化作了书斋里袅袅的沉香。粗糙的陶土胚在岁月里涅槃，成了匠人案头精心雕琢的艺术品。茶从解渴的粗粝，蜕变成点注七汤的繁复仪式；茶馆从遮风避雨的歇脚处，升华成曲水流觞的雅集之所。

陈澄闭上眼，仿佛看见无数个晨昏交替，平凡的茶碗在时光中流转，承载着百姓的汗水与文人的墨香，它们在文化的脉络里绵延不绝，诉说着一段从烟火人间到诗意栖居的千年蜕变。

第二节　匠心酿酒，酒香四溢

　　临安城里的酒铺子和茶铺子一样多。酒是寻常人家也能沾点的滋味，干活累了喝一碗，逢年过节也少不得。

酒肆烟火，白醪浮生

　　陈澄穿着寻常的布衣，走在街市上。一股混着粮食发酵和蒸煮的酸热气飘了过来，原来是个临街的酒肆。坊里热气蒸腾，几个赤膊的汉子正忙活着。

　　坊主是个粗壮汉子，围着被米浆酒渍染脏的围裙，正吆喝伙计干活。几个伙计把一袋袋淘洗干净的糯米倒进大木桶里，用刚冒鱼眼泡的滚水冲下去浸泡。坊主抹了把汗，对好奇张望的陈澄说：“小娘子看酿酒？这‘白醪’发得快，米泡一宿就酸了，明儿蒸上就成饭。”

　　第二天，陈澄又经过这里。坊里更热了，那泡酸了的糯米被捞出来，倒进大木甑里猛火蒸。蒸熟的糯米饭冒着腾腾热气，被摊在几张宽大的竹席上，两个汉子拿着木锨使劲翻搅，想让饭凉得快些。坊主看着天，嘟囔着：“得凉透，凉透了好拌曲。”

等糯米饭凉透了，伙计们把捣得细碎的酒曲末，均匀地撒在饭上，用手仔细拌开。拌好的饭被倒进几个大陶瓮里。这时，另一个伙计按方子熬好了"米滧汤"，端过来倒进瓮中。一个汉子抄起一把大刷把，插进瓮里使劲冲刷搅拌，水声哗啦，饭粒被打散。坊主在一旁盯着，喊着："搅匀！搅得跟淘米水似的！"

搅匀后，又按量兑了冷水进去。瓮口用厚毡子、草垫子捂得严严实实。坊主拍拍瓮："成了！捂一宿，明儿个米就化得差不多了。"他盘算的是周转快，本钱回得快，文人墨客那套风雅，跟他这汗流浃背的营生不沾边。

第三天一早，陈澄特意来看。汉子们把陶瓮打开，里面的饭粒果然已消融殆尽，散发出一股浓郁的酒香。他们用粗而稀的麻布蒙在另一口空瓮上，把酒醪舀起来倒在布上过滤，这就是"白醪酒"了。

坊门口支着摊，插着"新白醪"的木牌。粗瓷碗里倒出来的酒，稍显浑浊，闻着有股浓烈的酸香和粮食味。刚卸完货的脚夫，摸出几文钱买一碗，站在路边仰着脖子灌下去，长长哈出一口酒气，咂咂嘴，抹把汗，又接着去扛活。

酒铺杂谈，市声佐饮

陈澄走进一家挂着"潘家酒铺"旗子的铺子。铺子里光线昏暗，摆着几张油腻的桌子。坐着的客人三教九流：有算账的账房、等活的轿夫，也有两个穿着半旧襕衫的读书人，就着一碟盐豆喝酒。

跑堂的提着长嘴锡壶给客人添酒。那酒看着比酒肆的清澈些，颜色黄浊，是官库出来的"常酒"。陈澄也要了一小碗。酒入口微酸带甜，后劲有点冲喉咙，远不如想象中醇厚。下酒菜也简单，盐豆、腌菜，或是几片切得薄薄的羊头肉。

邻桌那两个读书人，一碗酒下肚，话匣子打开了，正争辩着时下哪个诗人的句子好。一个说柳永的词凡有井水处皆能歌；另一个却嫌柳词太俗，不如苏轼的词疏朗。争到后来，声音也高了，拍着桌子，脸红脖子粗。

图4-3　〔元〕佚名　《仿李嵩西湖清趣图》之钱塘酒肆　（美国弗利尔美术馆藏）

铺子角落里，还有个卖唱的老头，抱着把破琵琶，哑着嗓子唱俚俗小调。有人听得高兴，扔两个铜钱过去。掌柜的靠在柜台后，打着算盘，对满屋的喧闹习以为常。这市井酒铺，就是各色人等歇脚、解乏、发牢骚、听消息的地方，跟文人笔下的"曲水流觞"风雅，半点不沾边。

陈澄听着嘈杂的人声，闻着混杂的酒气、汗味和食物味，小口抿着碗里的浊酒。南宋临安这酒滋味，粗粝、实在，带着浓浓的烟火气，陈澄忽然想起历史上那些峨冠博带的身影，有人把盏低吟"三杯两盏淡酒"，有人挑灯看剑叹"把吴钩看了"。当易安的螺髻沾着黄昏酒香，当稼轩的醉眼映着塞外孤月，这些被笔墨浸润的琼浆，早已不是酒坊瓮中浑浊的白醪。就像茶炉上的烟火气能凝成《茶录》里的七汤点注，匠人手中的粗陶盏终成博物馆中展陈的雅器，酒与茶在文人的诗行里脱去烟火，羽化成宋朝雅文化的双生蝶。

夜色漫过酒铺的布招时，陈澄忽然触到袖中《大宋食录》的书角。她知道书页终将合上，临安的月光也会在某场晨雾里淡去，但此刻碗底未干的酒渍，却已在记忆里酿成琥珀。或许回到现代钢筋水泥的楼宇后，她仍会在某个庸常的午后，为自己温一盏淡酒，看蒸汽在玻璃上洇开朦胧水痕 —— 那时她望见的，大概是八百年前酒坊里，某个匠人往瓮中撒曲时，不小心抖落的一缕春风。

第三节　茶韵酒香，涓涓亦醇醇

在宋朝，茶与酒如同两条蜿蜒的河流，流淌在社会的每一个角落，滋养着人们。它们不仅仅是饮品，更是文化的载体，礼仪的象征，社交的媒介，商业的纽带。茶酒交融，塑造了宋人的雅致生活，并赋予那段历史独特的韵味与风情。

茶酒并举，各领风骚

茶，清新淡雅，如文人墨客笔下的山水，透露着一种超凡脱俗的气息；酒，醇厚浓烈，如武将豪杰胸中的豪情，洋溢着一种豪迈不羁的气质。茶与酒，一静一动、一雅一俗，共同构成了宋朝社会文化的独特风貌，是雅致生活中不可或缺的伴侣。

茶，在宋朝不仅仅是一种饮品，更是一种生活的态度，一种文化的追求。陈澄穿越在宋朝时常常与初识的友人相约于茶坊，品茗论道，将茶与诗词、书画、音乐等艺术形式相结合，体验了独特的茶文化。在茶的世界里，陈澄体会到了心灵的宁静，找到了精神的寄托。每当茶香袅袅升起时，陈澄仿佛能听到山间清泉的叮咚，看到云雾缭绕的山峰，感受到那份来自大自然的纯净与和谐。

而酒，则是宋朝人情感与社交的催化剂。无论是欢庆佳节、宴请宾客还是文人雅集，酒都是他们必不可少的陪伴。它传递着情感，增进着友谊，让酒客的社交生活充满了温情与活力。每当他们举杯邀月，与友人共饮时，那份豪迈与不羁便油然而生。

茶酒角色，共塑生活

茶的淡雅，酒的浓烈，各具特色，它们共同塑造了宋人的茶酒生活，丰盈了宋朝社会的魅力。

陈澄记得，有一次，她受邀参加一场宫廷宴饮。在那场宴会上，酒与茶被赋予了极高的地位。宋代宫廷宴饮以酒为核心，据《东京梦华录》记载，宴会中"酒行九盏"为固定礼仪。茶则多用于宴后清口。酒与茶代表着尊重与敬意，当宴后那一杯香茗递到手中时，茶的回甘，酒的醇厚，让她感受到了宫廷礼仪的庄重与茶酒文化的典雅。

此外，酒还与宋朝人的豪情壮志紧密相连。在酒的世界里，宋人找到了释放情感与表达自我的方式。陈澄在宋朝时，也常常以酒会友，与友人饮酒作诗，将酒作为友谊的桥梁。同时，她也深知酒在宋朝繁荣中的重要地位。宋朝施行榷酒制，其中涉及酿酒权、酒水和酒曲买卖权、酒税等，这类对酿酒行业进行专卖的制度为朝廷带来了大量的酒税收入，深刻影响了国家经济结构。所以宋朝的酒坊，尤其是官营酒库，不仅是社交场所，还是财政的重要经济来源。

相逢幸遇佳時節
月下花前且把盃

图4-4　〔南宋〕马远　《月下把杯图》　（天津博物馆藏）

茶酒交融，生活双璧

　　茶与酒在宋朝社会中的交融与互动，共同塑造了宋代人的生活方式。在饮食上，宋朝人注重茶与酒的搭配与品味。陈澄常常在饮酒之后品茗，认为这样可以更好地体验茶与酒的韵味和风情。这种饮食方式不仅丰富了陈澄的味蕾享受，也提升了陈澄的生活品质与雅致追求。

　　在饮酒习惯上，宋朝人注重酒的品质与品味方式。陈澄喜欢选择优质的酒，注重酒的色泽、口感与香气。同时，宋人也注重饮酒的礼仪与节制，认为过量饮酒会损害身体与品行。这种理性的饮酒观念不仅体现了宋人的文化素养与审美追求，也彰显了宋人的雅致生活态度。

在社交方面，茶与酒更是成为宋朝人不可或缺的社交媒介。无论是西园雅集还是市井瓦舍，茶与酒都是人们交流情感、增进友谊的重要工具。在茶的世界里，人们可以品茗论道、诗词歌赋；在酒的世界里，人们可以畅谈人生、挥洒豪情。茶与酒的交融与互动让宋朝雅致的社交生活充满了活力。

茶酒文化在宋朝社会中的深远影响不仅仅体现在当时人们的生活方式与社交习惯上，更对后世产生了重要的影响。宋朝的茶文化被后世所传承与发展，成为中国传统文化的重要组成部分。点茶法始于唐，兴于宋，并随禅宗东渡演化成日本抹茶道。至明清，点茶法虽演变为瀹饮法，但其"精行俭德"的内核仍被后世继承。

而宋朝的酒文化也对后世的饮酒观念与酒礼制度产生了重要的影响。"酒礼"中"长幼有序""饮不过三爵"的规范，至今仍存于中式宴饮礼仪中。

每次捧起茶盏、举起酒杯时，陈澄都能感知宋代茶酒文化的温热——茶的清洌里藏着文人的风骨，酒的甘醇中浸着市井的烟火，它们如同两条璀璨的河流，共同酿成了中华文明的独特韵味，滋养着一代又一代人。茶与酒的交融，绘出宋时风华画卷，展现了那个时代的独特韵味与风情。

第五章

南北交融
美食地图

第一节　宋朝美食，南北风味

在那遥远而绚烂的宋代，时光轻抚过每一寸土地，不仅织就了文化的辉煌篇章，更绘制了一幅幅色彩斑斓的美食地图。若你穿越时空的缝隙，化身为那位初入宋境的旅人陈澄，定能深切感受到那份跨越千山万水的味觉盛宴，是如何在南北交融的洪流中，绽放出别样的风华。

踏着青石板路，陈澄穿越了千年的风尘，来到了这个繁华的朝代。空气中淡淡的墨香与食物的香气，交织成一段古老而又诱人的旋律。陈澄深知，这不仅是一场身体的旅程，还是一次灵魂的深度触碰，更是与宋朝饮食文化的一次亲密接触。

走进繁华的市集，眼前是琳琅满目的美食，它们如同星辰般点缀在街道两旁，每一道菜肴都承载着不同地域的故事与风情。北国的豪迈与南疆的温婉，在这里以一种不可思议的方式和谐共存，共同编织了一幅令人垂涎欲滴的美食织锦。

在这里，陈澄品尝了来自东京汴梁的烩面，那面条筋道滑爽，汤汁浓郁鲜美，每一口都是对味蕾的极致诱惑；还有那来自临安的西湖醋鱼，鱼肉鲜嫩细腻，酸甜适中，仿佛能品出西湖水的柔情与灵动；陈澄也尝试了与现代火锅类似的拨霞供，等她把烫熟的食材蘸上调料，送入口中，便体会到一种独特的味觉冲击……

在这场味蕾的旅行中，陈澄仿佛成为一位历史的见证者。她不仅能够品尝到那些流传千古的美食佳肴，更能感受到那份跨越时空的情感共鸣。漫步于这座由美食构建的城市中，陈澄心中充满了无限的感慨与敬畏。她深知，这不仅是一场味蕾的盛宴，更是一次心灵的洗礼。她见证了南北饮食文化的交流与融合所创造出的独特魅力与无限可能，感受到那些食物背后所蕴含的深厚文化底蕴与独特情感，更感受到宋朝文化的博大精深与无穷魅力。这些美食如同历史的信使，穿越千年的时光，将那份来自宋朝的味道与情感，传递给了每一个有幸品尝到它们的人。

夕阳西下，陈澄站在熙熙攘攘的市集之中，望着那些渐渐远去的身影和依旧热闹非凡的摊位，心中充满了不舍与留恋。回到客栈，立马写下《自北而南，美食地图》，这不仅是陈澄对宋朝南北美食的一次深情回顾与赞美，更是她对这段辉煌历史的一次深刻思考与感悟。愿这份味蕾上的记忆能够穿越时空的长河，永远闪耀在历史的星空之中。

第二节　自北而南，美食地图

也许是集市上的南北风味给陈澄留下了太过鲜明的印象，又一次子夜时，她携《大宋食录》再次穿越而来。恰是晨曦初破，轻烟缭绕在古老的街巷间，陈澄踏上了寻觅南北方美食的奇幻之旅。

开封古都，羊面鲜香

步入开封古城，历史的沧桑与现代的繁华交织在一起，让人恍若隔世。在市中心的繁华地段，一家名为"张家汤饼店"的小店静静地守候在那里，仿佛是古城的一枚温暖印记。店面虽不起眼，但那股诱人的香气却如同磁石一般，将陈澄深深吸引。

刚迈过门槛，一股浓郁的面香便扑鼻而来。只见师傅们手法娴熟地拉扯着面团，面条如丝绸般细腻，却又韧性十足。当一碗热腾腾的软羊面端上桌时，只见汤色清澈透亮，面条如手指宽，上面铺满了鲜嫩的羊肉片、翠绿的葱花和金黄的蛋花。夹起一筷子面条送入口中，那份筋道与鲜美瞬间在口腔中爆发，仿佛整个口腔的味蕾都被唤醒了。

洛阳雅韵，水席流转

从开封往西，就到了历史悠久的洛阳城。在这座充满文化底蕴的古都里，陈澄寻找着那份独特的美食记忆——洛阳水席。城南的"牡丹水席园"就有洛阳水席，它以丰富的菜品和独特的上菜方式而闻名遐迩。

走进园内，只见古色古香的装潢与雅致的布局相得益彰，营造出一种宁静而祥和的氛围。随着店小二的引导，陈澄入座于一张雕花木桌旁，期待着即将呈现的美食盛宴。

不多时，一道道精美的菜品陆续上桌。第一道菜是牡丹燕菜，只见燕菜宛如一朵牡丹，盛开在清澈的汤中，清新雅致，令人赏心悦目。前八品、四大件、八中件、四压桌、送客汤，随着菜品的逐一呈现，陈澄仿佛置身于一场流动的盛宴之中。每一道菜都如同精心雕琢的艺术品，色、香、味、形俱佳，让人目不暇接。而洛阳水席的独特之处，不仅在于菜品的丰富与精致，更在于其上菜顺序的巧妙。二十四道菜品依次上桌，每道菜都承载着一段历史与文化的故事。从清淡的前奏到浓郁的高潮，再到优雅的尾声，整个水席仿佛一首悠扬的乐章，引领着陈澄穿越千年的时光隧道，感受着古都洛阳的独特韵味。

长安风味，羊羹胡饼

继续西行，陈澄来到了长安。在那里，她寻觅鲜美的羊羹，它也是北方名菜——羊肉泡馍的雏形。

有别于开封的羊汤，这里的羊羹没有金黄色的诱人汤底，在一碗清汤中，羊肉的鲜美被展现得淋漓尽致，仿佛能瞬间驱散旅途的疲惫，让人的心灵得到最质朴的慰藉。这不仅是一道北国名菜，更是历史的见证者。据传，其起源可追溯至西周时期，原多用于宫廷御宴及祭祀；至唐代，成为军中快食，后逐渐流传至民间，成为百姓餐桌上的佳肴。其制作考究，需精选上等羊肉，配以多种香料，慢火炖煮至肉质酥烂，汤汁鲜美。饮一碗热乎乎的羊羹后，陈澄被一阵芝麻与面的混合香气吸引，她走进一间名为"富兴坊"的铺子，买了一块刚出炉的胡饼。一口下去，油香面脆，幸福的感受自口腔蔓延全身，陈澄仿佛能瞬间穿越回那个年代，感受那份来自北方的豪迈与温暖。

品尝完最后一道菜品，陈澄的北方地区美食之旅也画上了圆满的句号。回望这一路上的探寻与品味，那些美食的记忆如同璀璨的星辰镶嵌在陈澄的心中。从开封的羊肉泡馍与烩面到洛阳的水席盛宴，再到长安的羊羹与胡饼，每一道菜都承载着北宋美食文化的深厚底蕴与独特魅力。

蜀地诗情，太白鸭子

在古老的中华大地上，西南地区以其得天独厚的地理环境与丰富的物产，孕育了独具风味的美食文化。在辣椒传入中国以前，那时的川菜远不如现在辛辣，那些辛味大多来自姜、韭菜等食材。川蜀百姓不仅擅长酿蜜，还种植了大片的甘蔗，因此，当地的厨师便就地取材，将甜味化为川菜主要的风味。所以宋朝的川菜，与后来人们常见的非常不同，"太白鸭"就是一道温润醇厚的，得以流传后世的经典川菜。

陈澄被一股香气吸引，踏入了一间酒楼。正碰上伙计给一桌客人上菜，那诱人的香气，可不就是从那晶莹如玉的菜肴中散发出来的？掌柜见她好奇，便向她介绍了"太白鸭"的由来。相传，李白在蜀地居住近二十年，十分喜爱当地的焖蒸鸭子；天宝元年，李白入京供奉翰林，他便以在四川品尝过的焖蒸鸭子为蓝本，辅以百年陈酿花雕酒、枸杞、三七等食材，献给唐玄宗，唐玄宗非常欣赏，将这道菜赐名为"太白鸭"。

听完介绍，陈澄跃跃欲试，等菜上桌便迫不及待地盛了一碗。这汤入口温和、醇香鲜美，细细品味，还能尝出来自枸杞的甜；鸭肉不仅酥软入味，还夹杂着花椒和盐巴的香气。这些丰富的香气与滋味交织在一起，让人欲罢不能。陈澄闭上眼睛，细细享受，此刻的她已完全被"太白鸭"的魅力所征服，忍不住一口接一口地品尝。

这份鲜甜、醇香让她对宋朝的美食文化有了更深刻的理解和感悟，许多美食诞生于独特的环境，借由卓越的厨师传承，得以进入宫廷御宴，或流入千家万户，甚至穿越时间的长河，流传下来。

惬意成都，插肉燠面

在成都的老街巷尾，隐匿着一间"胡记面馆"，在这里，掌柜的和掌勺的都是老胡一人，他以一碗碗酱汁浓郁鲜美的面条征服了无数食客的心。

四川临近中原，很多来自中原的面食传入此地，当中原当地的与外来的食材一相遇，就演绎出了新的美食乐章。《东京梦华录》中提及川饭的种类就有"插肉面、大燠面、大小抹肉淘、煎燠肉、杂煎事件、生熟烧饭"。可见，肉食搭配主食的形式，构成了川菜早期的基本特征。

川面，选料讲究，制作精细。选用当地最优质的面粉，每一根面条都经过匠人的手工揉制、拉扯，变得细、薄而富有弹性。当面条在沸水中翻腾起舞时，那轻盈的身姿犹如古代的舞者。燠面的烹饪方式主要体现在"燠"字上，即熬制。这种面条在出锅前仍未彻底煮熟，它们会泡在热汤里继续糊化，最终挂上浓厚的汤汁，或者说浇头，成为一道美味佳肴。

陈澄捧起这碗面，轻轻一挑，汤汁的浓郁与面条的劲道，如同交响乐般在口中奏响，每一个音符都是对美食的歌颂。

她闭上眼睛，让这美妙的滋味在舌尖上翩翩起舞，思绪也随之荡漾。这不仅仅是一碗面，它还是一次味觉的旅行，让陈澄感受到了四川的韵味，体会到了做面匠人的匠心独运，更品味到了历史的博大深厚与丰富变化。

胡记面馆不仅满足了陈澄的口腹之欲，它还用一碗面，讲述了一个关于时间、记忆与味道的故事。

江南记忆，扬州炒饭

在柔美的江南水乡，历史的长河悠悠流淌，滋养了一片美食的沃土。临安（今杭州）与扬州，如同两颗珍珠，镶嵌在江南的烟雨之中，散发着温润的光芒。从西南往东行，陈澄踏入了那座温婉如玉的扬州城。

这座历史悠久的文化名城，不仅以其秀丽的风光吸引着八方来客，更以一道家常却非凡的美食——扬州炒饭，让人流连忘返。

步入老字号的炒饭铺，一股浓郁的饭香便如丝如缕，悄然钻入鼻尖，挑逗着每一根嗅觉神经。店内，厨师们身着洁白的衣裳，手法娴熟，一双灵巧的手在炉火旁上下翻飞。他们用手中的铲子将隔夜米饭与火腿丁、虾仁、鸡蛋等多种食材快速翻炒在一起，如画师一般，为食客绘出一幅色、香、味、形俱佳的画卷。

那米饭，粒粒分明，晶莹剔透，宛如珍珠般在锅中跳跃，散发着淡淡的米香，每一粒都仿佛蕴含着大地的精华。火腿丁切得恰到好处，既不过于细碎，也不过于粗大，咸香扑鼻，让人忍不住想要一口品尝。虾仁鲜嫩弹牙，仿佛刚从清澈的河水中捞出，带着一丝丝甘甜。鸡蛋金黄诱人，与米饭、火腿丁、虾仁交织在一起，形成了丰富多彩的口感层次。

　　当这碗扬州炒饭呈现在眼前时，陈澄不禁为之动容。她轻轻地端起碗，用筷子轻轻地拨动那金黄的米饭，只觉一股香气扑鼻而来，让人垂涎欲滴。品尝之时，满口生香，那咸香与鲜美的完美融合，让她仿佛置身于扬州的秀美风光之中，感受着这座城市的温婉与细腻。

　　每一口扬州炒饭都是对味蕾的极致挑逗，让人回味无穷。那饱满的米饭、鲜美的虾仁、醇厚的火腿丁……它们在口中交织成一首美妙的味觉诗篇，让人陶醉其中，无法自拔。尤其是那米饭，裹满油香之后变得异常饱满可口，仿佛每一粒都在诉说着扬州炒饭的独特魅力。

　　当最后一粒米饭滑入喉咙，陈澄仍意犹未尽。她闭上眼睛，回味着那碗鲜香可口的扬州炒饭带给她的味蕾盛宴。那一刻，她仿佛明白了何为真正的美食——它不仅是一种味觉的享受，更是一种情感的寄托，一种文化的传承。而这碗扬州炒饭，无疑将这一切完美地融合在一起，成为她心中难以忘怀的美味佳肴。

淮扬风情，蟹黄馒头

　　在蜿蜒悠长的运河之畔，有一座闻名遐迩的"蟹满楼"，这不仅是一间普通的酒家，更是味蕾的殿堂，每一道菜肴都是对江南风味的深情诠释。

　　蟹满楼的招牌之作就是"蟹黄馒头"，也就是如今的小笼包，这道淮扬特色面点，叩开了无数酒家贵客的心扉。它的面皮轻薄香软，馅料饱满丰盈。每一个蟹黄馒头都宛如精心雕琢的艺术品，圆润地聚在一个屉笼里，仿佛初晨露珠点缀在绿叶之上，娇嫩可爱。汤汁是小笼馒头的灵魂，饱满的鲜味中带着丝丝甘甜，只需轻轻咬破面皮，滚烫的汤汁便如泉涌般溢出，带给食用者无限惊喜。厨师将馒头馅儿中蟹黄与猪肉的比例拿捏得恰到好处，既保留了蟹黄的鲜美细腻，又巧妙地融入了猪肉的醇厚温润，两者交织，构成了无与伦比的味觉盛宴。关于蟹黄馒头还有一桩趣事。据《独醒杂志》记载，丞相蔡京有日请下属吃饭，有上百人，吩咐厨子做蟹黄馒头。饭后厨子同他算账，"馒头一味为钱一千三百余缗"。当时一贯铜钱约合现在人民币二三百元，蔡京请这一顿蟹黄馒头花了一千三百多贯，折合人民币三十多万元，当真是"一口蟹黄一两金"！

品尝这蟹黄馒头时，陈澄回忆起一家团聚的时节。她细细品味着蟹黄馒头鲜美的馅儿，只觉满口生津，一种难以言喻的幸福感油然而生，这既是对美食最真挚的赞美，也是对生活美好瞬间的深刻体悟。

在蟹满楼的这一隅，陈澄不仅品尝到了美食，更品味出了一段关于味道与情感交织的故事，让人陶醉不已，久久难以忘怀。

烟雨临安，西湖醋鱼

而后，陈澄回到了临安。漫步西湖边，仿佛置身于一幅淡雅的水墨画中。湖畔酒家，一家隐匿于湖光山色之中的老店，以其招牌菜——西湖醋鱼，吸引了无数食客前来品尝。

这道菜选料极为讲究，必是取自西湖中的鲜活草鱼，大小适中，肉质细腻。将其提前在清水中放养几天，去了泥腥味。厨师们先在鱼身两侧轻轻划上几刀，以便入味。随后，将鱼身置入滚水中烧煮片刻，待其表面凝固，内里却依然鲜嫩。此时，特制的糖醋汁悄然登场，它由冰糖、米醋、酱油、湿淀粉等多种调料调成芡汁，色泽红亮，酸甜适宜。当似流非流的糖醋芡汁浇淋在鱼身上时，一股诱人的香气瞬间弥漫开来，令人垂涎欲滴。

品尝之时，只觉鱼肉鲜甜滑嫩，入口即化，酸甜滋味在舌尖缓缓绽放，仿佛西湖的柔波在口中轻轻荡漾。那一刻，所有的烦恼似乎都随着这股酸甜滋味消散而去，只留下内心的宁静与满足。

东坡豆腐，馥郁酱香

陈澄循着青石板路拐进临安城西的"东坡斋"，檐角悬着的竹编灯笼在暮色里轻轻摇晃，引得檐下"东坡豆腐"的酒旗也跟着翩跹。早闻这道菜承袭大文豪苏轼之名，她特意寻来，就想尝尝看有什么特别滋味。

深秋新收的黄豆，褪去青涩后粒粒滚圆如金珠。需得用清冽井水浸泡半日，待豆皮微皱但豆仁仍坚实，方才捞出磨浆。在豆浆中加入卤水后，豆花渐渐凝结成云朵状，再用木框将其重压成型，制成质地紧实、孔隙均匀的老豆腐。此豆腐便是东坡豆腐的灵魂，看似朴实，却能在烹饪中吸饱汤汁的鲜香。配菜同样讲究，咸香醇厚的酱料，细细舂碎的香榧子，还有刚从菜畦摘下的鲜嫩小葱，每一样都暗藏乾坤。

首先将油熬热，放入切段的小葱与农家香料。随着油温慢慢升高，葱叶渐渐变得金黄酥脆，浓郁的香气弥漫开来。待小葱与香料的颜色变得深褐，立即把它们捞出，一锅透亮浓香的葱油便熬好了。

舀入两勺熬好的葱油，待油温五六成热，将切成四方小块的老豆腐轻轻滑入锅中。"滋啦"一声响，豆腐边缘逐渐泛起金黄酥边，浓郁的豆香与葱香在空气中交织，等豆腐两面金黄时就把它们盛出备用。

调制酱料的方式在《山家清供》中有记载："用研榧子一二十枚，和酱料同煮。"利用锅中剩下的油炒香酱料与香榧子碎，加入适量清水煮开，倒入豆腐炖煮，让酱料的滋味充分渗入豆腐。收汁后撒上翠绿的葱花，便可出锅。

陈澄倚着木窗，目不转睛地看着庖厨娴熟的动作，鼻尖萦绕着勾人馋虫的香气。等菜品端上桌，她用勺舀起一块豆腐，豆腐吸饱了酱香浓郁的汤汁，外层焦黄的外壳由香酥变得绵软，形成与内里截然不同的口感，醇厚、香脆，丰富的滋味在舌尖层层绽放。恍惚间，她仿佛看见苏东坡当年挥毫泼墨后，大快朵颐的豪放模样，这一方小小的豆腐，竟承载着千年的风雅与烟火气。

东坡斋的东坡豆腐诉说着宋人对美食的执着与匠心，也见证了陈澄与这方古韵的奇妙相逢。每一口滋味，都似宣纸上晕开的墨迹，将宋朝的饮食文化与生活意趣，缓缓勾勒在她心间。

福州线面，闽地奢华

岭南地区以其独特的地理位置与温润的气候，孕育了丰富多样的美食文化。广州与福建，作为岭南美食的代表，自古以来便是美食爱好者的朝圣之地。

陈澄来到山水秀丽的福州。在这里，"聚宝盆酒楼"的招牌菜——福州线面，成为食客们争相品尝的美食瑰宝。

福州线面，看似平实无奇的奢华佳肴，往往配了鲜美的汤底，如羊肉、鸭肉、鸡肉等，再加入福建老酒、葱花等，芳香味美。

聚宝盆酒楼的厨师们遵循古法制作线面。他们将面粉、水、盐、油等材料视当日气温、湿度等情况配比，混合搅拌。和面完成以后，再经发面、捶打、挤压、团圈、搓细、拉抻、晾晒等步骤制成线面。这些其貌不扬的食材，经厨师们的妙手，成为色泽洁白、线条细匀、口味劲道的线面。完美的线面，即使是放入水中也不容易糊掉。

在这聚宝盆酒楼中，有一道线面属于"隐藏菜谱"——当归鸭线面。先用姜片过油，再加入洗净剁成小块的鸭肉炒香，将这鸭肉与酒、高汤、当归等药材、少许冰糖，一同放入锅中，小火慢煨。待鸭肉酥软，再取一指线面汆烫，过凉水，加入这锅当归鸭汤。

将当归鸭线面端上餐桌后，轻轻揭开锅盖，只见它汤汁清亮，又闻到香气扑鼻。品尝之时只觉鸭肉的鲜美浸润口腔，汤汁带着一股暖意从舌尖直达胃部，形成了一种难以言喻的美妙滋味。那一刻仿佛所有的烦恼忧虑都被安抚，让人沉浸在一片宁静与悠远的韵味之中。

武夷山上，拨霞供香

离开福州，行至不远处，便见那千峰百嶂的武夷山，此山秀奇，竹林漫野。陈澄意外结识一位旅人——林洪。

恰逢大雪，林洪怀揣一只野兔，沿山路而上，见陈澄孤身一人，便邀她一同上山拜访隐士止止师。止止师深居简出，居处简陋，家中没有厨师，林洪正为如何烹调这野兔发愁时，止止师拊掌道："可将兔肉切作薄片，以酒、酱等腌之。"说罢往风炉中添置炭火，煮上半锅山泉水："待水沸时，各执箸夹肉，晃至变色即可。"陈澄留意到桌上摆着三碟酱料：一碟是捣碎的姜蒜，一碟拌着霉干菜，还有一碟盛着麻油 —— 原来宋人调味已这般讲究。

她用筷子夹起薄如蝉翼的肉片，在沸水中轻晃数下，蘸了霉干菜酱送入口中。野兔肉的鲜甜混着酱香在舌尖绽开，比现代餐厅的火锅更显质朴，却多了几分山林间的清冽。

热气腾腾，清汤翻滚，锅中有如"浪涌晴江雪，风翻晚照霞"，伴二三友人相聚，以禅心诗意点化人间烟火气。这道佳肴因此命名"拨霞供"，呈现出一番宋人灵动风雅的气韵。

岭南佳肴，白切鸡纯

广州，这座历史悠久的南国都市，以其丰富的美食文化而闻名遐迩。在繁华的上下九步行街，"李家鸡店"以其招牌菜——白切鸡，吸引了无数食客驻足品尝。

白切鸡，一道看似简单却极其考验厨艺的佳肴。李家鸡店选用的是散养走地鸡，肉质紧实且富有弹性。烹饪时，将整鸡放入滚水中浸烫至熟而不烂，随后迅速放入凉水中浸泡，以保持鸡肉的嫩滑与口感的鲜美。上桌时，鸡肉被切成均匀的块状，排列得整整齐齐，宛如一件精美的艺术品。

品尝白切鸡时，无须过多的调料，只需蘸上一点特制的姜葱油，便能激发出鸡肉的原汁原味。鸡肉的鲜嫩与姜葱的清香在口中交织融合，让人仿佛置身于岭南的青山绿水之间，感受到那份来自大自然的纯净与雅致。

在岭南这片充满生机与活力的土地上，每一道美食都承载着丰富的历史与文化内涵。广州的白切鸡以其独特的风味与魅力，成为岭南美食文化中的璀璨明珠。

一圈走下来，陈澄觉得无论是北方、江南还是岭南，宋朝的美食是无法用三言两语道得尽的，得用味蕾细品她流淌千年的风华。

第三节　民族交融，南北和弦

在那遥远而辉煌的宋朝，饮食文化如同一座无形的桥梁，优雅地横跨南北的广阔疆域，不仅滋养了无数人民，更在无声中促进了民族间的相互理解和尊重，编织出一幅幅文化交流的美好图景。这是一场味蕾与心灵的双重盛宴，让我们穿越时空，跟随旅人陈澄的脚步，一同漫步其中，感受那份来自千年前的醇厚与细腻。

南北风味，交响乐章

陈澄身穿揉蓝窄短衫配杏黄罗裙，裙摆轻盈如流水，每一步都似乎在诉说着婉约的故事。裙身以素色为底，在裙腰处绣有穿枝花鸟纹样。她发髻高挽，气质优雅，发髻间点缀一根精致的玉簪，簪头雕刻着细腻的祥云花纹，简约中透露出不凡的华贵气息。发间还巧妙地点缀着几朵小巧的珠花，它们随着陈澄的步履轻轻摇曳，仿佛也为她的"穿越"之旅增添了几分灵动与浪漫。

当她漫步在繁华的汴京城，身处熙熙攘攘的市井时，耳畔是此起彼伏的叫卖声，空气中弥漫着各种食物的香气。她惊讶地发现，这里的饮食文化竟是如此丰富多彩，南食与北食争奇斗艳，一道道各具特色的佳肴共同谱写着宋朝饮食的华丽乐章。

面食在宋朝达到了前所未有的高度，它们不仅仅是食物，更是文化的象征。各式各样的烧饼、馒头、面条，它们或酥脆或柔软，或筋道或滑爽，不仅满足了北方人的胃口，也悄然融入了南方人的生活。那些来自北方的商贾，带着他们的面食与肉食，行走在南方的街巷，将这份来自北方的豪迈与粗犷，化作了南方人餐桌上的新宠。

而南方的细腻与精致，则通过精致的糕点、清爽的茶饮，渗透进了北方的每一个角落。南方的文人墨客，带着他们的茶点与清淡的菜肴，走进了北方的府邸与市井，将那份来自江南的温婉与雅致，化作了北方人舌尖上的新宠。在"张手美家"，陈澄品尝到了元日的"馎饦"，那醇厚的口感与鲜美的调味，仿佛让她感受到节日的喜庆与温暖，这既是一种来自味蕾的震撼，也是一种来自心灵的感动。

南北情谊，味蕾碰撞

随着饮食文化的交融，南北之间的隔阂逐渐消融。陈澄注意到，无论是北方的豪爽还是南方的温婉，都在这一桌桌美食中得到了完美的体现。北方的羊肉泡馍，那浓郁的肉香与酥软的馍块，在口中交织出一种独特的韵味；而南方的鱼羹汤品，那清爽与鲜美的鱼香，在舌尖上演绎出一番别样的风情。它们在交流与碰撞中产生了奇妙的化学反应，仿佛是一种味蕾的舞蹈、一段心灵的对话。

人们围坐一桌，品尝着来自不同地方的风味，谈论着各自的故事。北方的商贾讲述着草原的辽阔与牧马的豪情；南方的文人描绘着江南的水乡与采莲的雅致。他们在交流中学会了欣赏与接纳，逐渐形成了一种跨越地域与民族的文化认同感。这种认同感不仅是对美食的热爱，更是对多元文化的尊重与包容。它像一座无形的桥梁，连接着南北方人们的心灵，也连接着不同的文化与传统。

舌尖民族，情怀文化

在宋朝这个多元文化并存的时代，饮食文化成为增强民族凝聚力的重要力量。每当节日来临时，无论是北方的角子还是南方的糍糕，都成为人们共同的记忆与期盼。它们不仅仅是一种食物，更是一种文化的象征、一种情感的寄托。这些美食不仅满足了人们的口腹之欲，更在无形中加深了人们之间的情感联系。

陈澄在游历过程中发现，无论是皇室贵族还是平民百姓，都对饮食文化充满了热爱与追求。他们通过美食来传递情感、交流思想、增进友谊。在皇室的宴会上，珍馐美味琳琅满目，那是对皇家尊贵与权力的彰显；在平民的家中，家常小菜温馨可口，那是对生活的热爱与满足。这种全民性的热爱与追求，使得饮食文化成为连接民族情感的纽带，让人们在品味美食的同时，也感受到民族文化的独特魅力。

在宋朝的市井中，饮食文化更是一种生活的艺术。那些小吃摊贩、酒楼茶馆，它们不仅仅是提供食物的地方，更是人们交流情感、分享故事的场所。人们在这里相聚、相识、相知，他们的笑声、谈话声、歌声，与美食的香气交织在一起，构成了一幅幅生动的市井画卷。

回望宋朝那段辉煌的历史，陈澄不难发现饮食文化在其中所扮演的重要角色。它如同一座无形的桥梁，连接着南北疆域，促进着民族间的相互理解和尊重。在那个美食交融的时代里，她不仅品尝到了美味佳肴，更品味到了民族文化的博大精深。那些隐藏在美食背后的文化故事与民族情感，它们如同一根根丝线，串联起了宋朝的辉煌与灿烂。

陈澄在探索与发现中，深切地感受到了那些隐藏在美食背后的文化故事与民族情感。在这场舌尖上的民族梦中，千年前的醇厚与细腻，继续在舌尖上流淌。

第六章

宋韵田畴
农耕交响

第一节　农耕进展，温柔吟唱

在历史的长河中，宋朝如同一幅细腻温婉的画卷，缓缓展开其独特的农耕文明与丰富多彩的饮食文化。陈澄有幸穿越至那千年前的时光，化身为一介布衣女子，漫步于那片肥沃的土地上，细细品读那由田畴间孕育而出的生活诗篇。

农耕技术，智慧结晶

宋朝，一个农耕技术日臻完善的时代，每一寸土地都仿佛被赋予了生命，轻轻吟唱着丰收的赞歌。陈澄踏着晨曦的微光，身着一袭青衣白襦裙，宛如澄澈的天空中最温柔的一抹云彩。衣袂轻盈，随风微微摆动，仿佛携带着时光的韵律；款步姗姗，每一步都踏出了历史的回响。她耳畔挂着小巧精致的黄金耳环，随着她的步伐轻轻摇曳，闪烁着欢快而灵动的光芒，犹如晨露中摇曳的小黄花，清新而又脱俗。

她轻快地穿梭于广袤的田野之间，青色身影在人群中显得格外醒目。耕牛悠悠，犁铧翻动，土壤如同一位慈祥的母亲，温柔地拥抱着每一粒种子，给予它们生长的力量。这不仅是土地的恩赐，更是宋代农人智慧与汗水的结晶。

　　宋代的农业政策，宛如慈父温和的双手，轻轻地呵护着大地，守护着这一片土地之上的农人。朝廷鼓励垦荒，轻徭薄赋，使得农人更加勤勉于田畴之间。同时，农业生产技术也得到了前所未有的发展。水稻的栽培技术日益精进，占城稻的引入，使江南水田一年两熟成为可能，金黄稻浪翻涌，预示仓廪充实。而麦作亦不甘落后，冬小麦的种植逐步推广，春日，麦苗青青，

图6-1　〔南宋〕　杨威《耕获图》　（故宫博物院藏）

北方的原野铺上一层柔软的绿缎，充满了丰收的希望。农具的使用也有更细致的划分，在推广使用曲辕犁的基础上，配合人力代耕农具踏犁耕地，让每一寸土地都迸发出最大的活力。

更妙的是宋人的水利智慧。池塘如明镜嵌于绿野，水渠似银链缠绕田垄，水车转动时，水流潺潺如琴弦轻拨。这不仅是灌溉的脉络，更是人与自然共谱的乐章。陈澄听着流水低语，看果园里荔枝泛红，龙眼垂珠，石榴裂齿，颗颗果实如宝玉落于绿绢，为宋人生活添上缤纷甜美的注脚。

在这片充满匠心的土地上，农耕不再是单纯的劳作，而是一场与时光、自然的默契对话。每一滴汗水落土，每一次犁铧翻耕，都在书写着中国古代农业文明的璀璨篇章。

食俗风情，雅韵流长

这片丰饶的土地，不仅孕育了丰富的农产品，更滋养了宋朝独特的饮食文化。穿越而来的陈澄非常幸运地成为这场味觉盛宴的见证者与参与者。宋朝的饮食，不仅仅满足了口腹之欲，更是一种生活美学艺术与隽永文化的表达。

在宋朝的餐桌上，美食如同一位优雅的舞者，轻盈地展现她的魅力。精致的点心，如糖渍果子、蒸糕、酥饼，不仅色彩缤纷，而且滋味各异。而那热气腾腾的菜肴，无论是清蒸、红烧，还是炖煮，都讲究色、香、味、形俱佳，每一道菜都像是一首精妙的诗，讲述着食材与火候的完美邂逅。

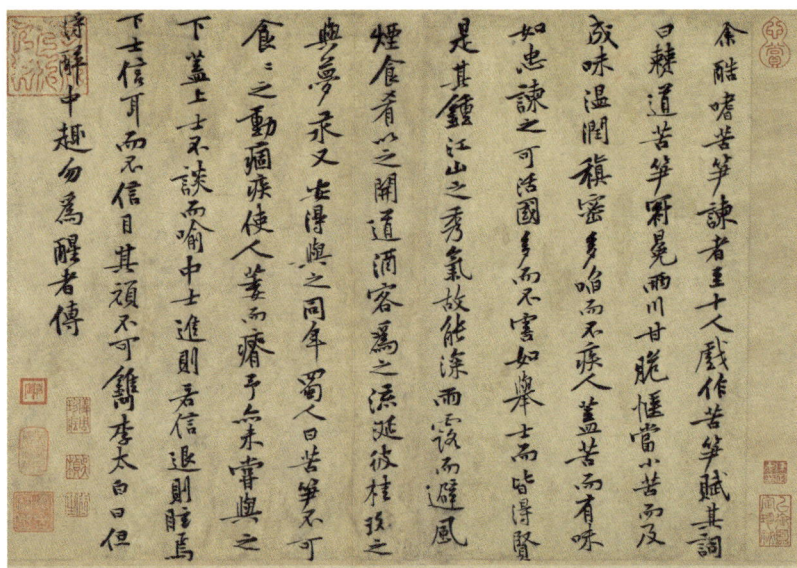

图6-2 〔北宋〕黄庭坚 《苦笋贴》 （台北"故宫博物院"藏）

　　值得一提的是宋代饮食中的素食文化。随着佛教的兴盛，外加道家养生之道的普及和士大夫阶层对清雅文化的追求，素食逐渐成为一种时尚。豆腐、时蔬、菌菇等寻常食材在庖厨的妙手下被点化出万千滋味。它们不仅是餐桌上的雅馔佳肴，更是心灵的滋养补给，无声地诠释着人与自然和谐共处的理念。宋人善于将这些素材进行巧妙的搭配和烹饪，创造出丰富多样的素食菜肴，既满足了口腹之欲，更彰显了高雅的品位与生活的智慧。

自然人文，诗意土地

宋朝的农业，还对食材的选择产生了深远的影响。丰富的农产品种类，使得宋人的餐桌变得更加多彩。无论是北方的麦面，还是南方的稻米，都成了宋人日常饮食的重要组成部分。而那些琳琅满目的水果，更是为宋人的饮食增添了几分清新与甜美。在这样的饮食环境中，宋人的烹饪方法也逐渐变得多样化。炒、炖、煮、蒸、燠等多种烹饪方式的出现，使得食材的营养得到了更好的保留，亦呈现出更加多样的口感。

此外，宋朝的农业发展还对餐桌礼仪产生了深远的影响。在丰收的季节里，宋人常常会举办盛大的宴会，邀请亲朋好友共同分享这份来自土地的恩赐和收获的喜悦。《东京梦华录》中记载："凡民间吉凶筵会，椅卓陈设、器皿合盘、酒檐、动使之类，自有茶酒司管赁。吃食下酒，自有厨司。以至托盘下请书、安排坐次、尊前执事、歌说劝酒，谓之'白席人'。总谓之'四司人'。"可见餐桌礼仪尤为重要，当时就出现了代为操持这类宴会的专业人士。

宴会上，宾客们按照身份与地位有序入座，而用餐时餐具的摆放与使用也有着严格的规定。一般来说，面向门的座位一定是最尊贵的，要让长辈来坐，如果没有长辈，就得让它空着。这种严谨的餐桌礼仪，不仅体现了宋人对饮食的尊重与热爱，更彰显了那个时代的文明与风雅。

作为穿越至宋代的陈澄，深切地感受到了农耕文明与饮食文化之间的紧密联系。在这片充满诗意的土地上，在这个让味蕾与灵魂都能找到归宿的时代，每一粒米，每一滴茶，每一滴酒，都是大自然与人文智慧的结晶。在这里，每一口食物都承载着历史的重量，每一滴茶、每一滴酒都蕴含着文化的深度。它们不仅满足了生存的需要，更是文化传承、情感寄托、生活哲学的具象表达。

陈澄腰间佩戴着一块雕刻细腻、质地温润的白玉玉佩，与青白的衣裳相映成趣，不仅增添了几分雅致，更彰显了她独特的韵味与风华。她漫步在宋代的田野与市井之间，感受着这份温暖与美好。宋朝的农业与饮食文化，如同一篇交响乐章，在陈澄心中缓缓奏响。作为这段历史的短暂过客，她在这段旅程中找到了属于自己的诗与远方。

第二节　宋朝食韵，田畴馈赠

陈澄的眼眸中闪烁着活泼的光芒，嘴角勾勒出一抹俏皮的笑意，那份纯粹与欢快仿佛凝聚在了这一刻，让人心生向往。她时而驻足观赏田边的野花，时而与过往的行人谈笑风生，浑身上下都散发着一种无法言喻的欢快与活泼。她无时无刻不在探寻田畴之馈与餐桌之艺的奥秘。

稻米细腻，餐桌之诗

宋朝，那是一个以稻米为主食的璀璨时代，每一粒米都蕴藏着大地的深情与智慧。陈澄脚踏轻盈的步伐，走进那金黄的稻田，只见稻穗沉甸甸，宛如垂首倾听大地母亲温柔的呢喃，与她诉说着丰收的喜悦。

宋代的稻米，是沃土之珍，餐桌之基，每一粒都蕴含着农人的辛勤与自然的馈赠。它们种类繁多，有粳稻、籼稻，还有从占城引进的优良品种——占城稻。占城稻与晚稻配合形成双季稻，大大提升了稻米的产量，因此米成为宋人餐桌上的主食，也成为他们生活中不可或缺的温暖与慰藉。

图6-3 〔南宋〕李安忠 《燕子戏禾图》 （私人收藏）

　　宋人热爱稻米，不仅因为它是三餐的基石，更是因为它承载着他们对美食的追求与热爱。他们对待稻米，就像对待一位温婉的佳人，细心呵护，精心烹饪。宋人的烹饪方法颇为讲究，他们善于利用蒸、煮、炒等多种方式，将稻米制作成各种美味。其中，蒸饭是最为常见的一种方式，也是宋人烹饪技艺的精髓所在。

　　一个阳光明媚的午后，陈澄漫步在宋代的村间小路。炊烟袅袅升起，与天空中的云朵交织成一幅温馨的画面。她走进一户农家，只见主人正忙着蒸饭。他将精选的稻米放入木甑，隔水蒸。那火候的掌握，恰到好处，让每一粒米都能均匀受热，释放出最纯粹的米香。

　　随着时间的推移，木甑中渐渐散发出米饭与木头香气交织而成的独特芬芳，仿佛是大自然的呼吸，让人心旷神怡。令陈澄感到疑惑的是，除此以外，这里还混杂着一缕清新的酸甜气味。等到蒸饭做好，谜底终于揭晓，稻米中还有桃子果肉。主人解释，这一道名为"蟠桃饭"，并热情地邀请陈澄品尝。她接过那碗热腾腾的米饭，只见米饭粒粒分明，桃肉已经软烂。待她将蟠桃饭送入口中咀嚼，米粒松软，果肉清香，每一口都蕴含着大地的温暖与甘甜。

　　陈澄细细品味着宋代的蒸饭，它如春风拂面般温柔。每一粒米都仿佛在诉说着宋人对生活的热爱与追求，那不仅是对稻米品质的关注，更是对烹饪方法的热爱与传承。在这一刻，她与那些热爱生活的宋人一同品味着这份来自大地的馈赠。

　　宋代的稻米，不仅仅是食物，更是一种文化的象征。它承载着宋人对生活的热爱与追求，对美食的执着与创新。在那个时代，稻米不仅仅是一种主食，更是一种生活的艺术，一种文化的传承。宋人通过精湛的烹饪技艺，将稻米制作成各种美味佳肴，让每一顿饭都成为一次味蕾的盛宴。

　　宋人善于利用稻米制作各种食物。他们将稻米磨成米粉，制作出软糯可口的米糕；或者将稻米与桃、笋等其他食材相结合，创造出独特的蒸饭。无论是甜蜜的米糕还是香软的米饭，都成为宋人餐桌上的主食，让他们的生活更加丰富多彩。

在宋代的市井中，稻米更是无处不在。街头巷尾的小吃摊上，热气腾腾的米饭和各式米制品吸引着过往的行人。那香气四溢的米糕、软糯可口的米饭、清甜醇厚的米汤，都让人垂涎欲滴。宋人对于稻米的热爱和追求，不仅体现在他们对烹饪方法的讲究上，更体现在他们对稻米文化的传承与创新上。陈澄尝到了这宋代的稻米美食，感受到了那份来自千年前的温暖与甘甜。

麦面松软，时光之味

在那片广袤无垠的北国大地上，面食之祖小麦，静静地诉说着千年的故事。陈澄离开了熟悉的稻田，踏上了这片充满神秘与魅力的土地，只为探寻小麦的踪迹，感受那流淌在时光深处的面食文化。

宋朝，一个以水稻为主角的时代。小麦仍然凭借生长周期短、能越冬种植等优势，在宋人的农田里、餐桌上扮演着举足轻重的角色。由于小麦口感不如稻米细腻，起初受欢迎程度远不如稻米。但宋人善于思考，勤于实践，将小麦磨成细腻如雪的面粉，用他们的巧手制作出各种面食，如馒头、面条、饼等，每一种都蕴含着他们无尽的智慧与对美食的追求。借由宋代水利发展，面粉的生产效率得以提升，面点才能够走进千家万户。

其中，馒头是宋朝最为流行的面食之一，承载了无数人的味觉记忆。宋人将面粉与水、酵母巧妙结合，经过时间的发酵，那面粉仿佛被赋予了生命，变得蓬松而富有弹性。他们再将这发酵后的面团制作成形状各异的馒头，然后，将这些馒头放入蒸笼，烧火蒸煮，直至那馒头变得松软可口，带着面点那一丝丝甜味，仿佛品尝到时间在舌尖上缓缓绽放。

陈澄忍不住想要亲手制作这宋代的馒头，感受那份来自千年前的温暖与味道。她站在古老的灶台前，看着与水充分混合的面粉在酵母的作用下慢慢发酵，仿佛听到了时间的低语，感受到了生命的律动。那面粉，不再是简单的食材，而是千百年饮食文化的见证者。

她把发酵好的面团分成大小相等的剂子，揉搓定型，终于，那馒头在她的手中诞生了。她将它们放入蒸笼，待熊熊的火焰把锅中的水烧开，水汽携带着热量向上升腾，一段时间后，蒸笼里渐渐散发出小麦的香气，这是时间的香气，亦是宋朝面食的独特魅力。当她将蒸好的馒头捧在手中时，那温暖和松软的触感仿佛将她带入了宋朝的市井，让她感受到了那份温暖与幸福。

陈澄迫不及待地掰下半块馒头品尝起来，那馒头口感松软，带着一丝甜味，仿佛品尝到农人收获的甘甜，她也清晰地体会到制作面点的趣味。宋代的馒头和现代的馒头到底有什么区别，陈澄一时间说不上来，但它的恒久更像是宋人智慧的符号，诉说着人们对食物永恒的热爱与追求。

宋朝的市井中，面食无处不在。街头巷尾的小吃摊上，热气腾腾的烤菜包子、四色馒头、馎饦、馄饨等面食吸引着过往的行人。那香气四溢的馒头摊前，人们络绎不绝，都想来品尝这街头的美味。就连富贵的王公贵族也对面食情有独钟，他们命仆人将小麦制作成各种美味佳肴，让面食成为宋宴上的一道亮丽风景线。

宋人对于面食的热爱不仅体现在他们对烹饪技艺的讲究上，更体现在他们对面食文化的传承与创新上。他们用心去感受每一粒小麦的温暖与甘甜，用精湛的技艺去诠释面食的美味与魅力。无论是那松软的馒头、劲道的面条还是香脆的饼，都成为宋人生活中不可或缺的一部分，也成为他们留给后世的一份珍贵遗产。

在这北国的土地上，小麦如同一位温婉的佳人，用它那独特的魅力吸引了无数人的目光与味蕾。宋朝以来，小麦更是成为人们生活中不可或缺的一部分。它滋养了无数人的身体与心灵。

陈澄在这宋朝的面食之旅中收获了满满的幸福与感动。那面粉经发酵、塑型、蒸熟，最终成为一个个松软可口的馒头。这过程仿佛是一场仪式，让陈澄感受到了面食制作的魅力与乐趣。当她将那蒸好的馒头捧在手心，在一片氤氲的水汽中，她仿佛看到了宋朝市井的繁华与喧嚣，感受到了来自这个朝代的温暖与幸福。这不仅是一次亲自制作的美食尝试，更是一次心灵的洗礼。她将带着这份珍贵的记忆，继续时空之旅，寻找更多关于美食与文化的奇妙故事。

田蔬清脆，舌尖之舞

在宋朝，蔬菜，这田畴之绿，餐桌之彩，以其丰富的种类和多样的烹饪方法，描绘出一幅幅生动的画卷，铺展在人们的眼前。这些时蔬佳肴不仅是食物，更是乡野之间的生活美学，是宋人对美食的热爱与追求的象征，也是他们对自然之馈赠的深深敬仰。

宋朝的蔬菜，宛如大自然的颜料，为人们的餐桌增添了丰富的色彩。那嫩绿的菠菜，宛如春天的使者，带着清新的气息，轻轻刺激着人们的味蕾，它的出现仿佛在提醒人们，冬日结束，大地已然苏醒。鲜脆的黄瓜，如同夏日的清泉，咬上一口，便能消去所有的炎热与疲惫，只留下满口的甘甜与清爽。圆润的茄子，细长的豆角，它们的形态大相径庭，却共同构成了宋人餐桌上的佳肴，为人们带来了丰富的口感与色彩，也带来了生活的诗意与远方的遐想。

宋人对蔬菜的烹饪方法，更是讲究到了极致。他们善于利用煨、焯、炒、煮等多种方式，将蔬菜制作成各种美味。其中，焯水凉拌是相对常见的烹饪方式。为了让食材能够均匀且快速受热，也便于腌制入味，宋人会将蔬菜切成细丝或薄片，随后入滚水中氽烫，迅速断生。这既能保留蔬菜的鲜艳色彩，又能保持清新、爽脆的口感。接着，加入各种调味料，就能将田畴间的盎然绿意收入碗中。食用时，如同春天的花朵在口中盛开、舞蹈，带来无尽的生机与活力。

陈澄还亲身体验了种植蔬菜的乐趣。她站在那古老的田畴间，看着原本小小的黄瓜种子，后来在泥土中生根发芽，长成藤蔓，开花结果。她用心地浇灌这些黄瓜，看着它们在自己的呵护下茁壮成长。那翠绿的叶片在阳光下闪烁，仿佛是大地的眼睛，替它看四季更迭，万物生长。终于，那黄瓜成熟了，陈澄摘下它们，感受着那沉甸甸的果实带来的满足、喜悦心情。

　　陈澄将黄瓜放入清凉的井水中洗净，切成薄片，拌入麻油、酱油、白糖、醋。黄瓜口感清凉脆爽，入口麻香，回味鲜甜。

图6-4　〔南宋〕许迪　《野蔬草虫图》　（台北"故宫博物院"藏）

这种丰富的滋味，仿佛将她带到山野之间，沁入甘甜的清泉。

除了黄瓜，陈澄还尝试着烹饪豆角。她将细长的豆角洗净，切成均匀小段，入滚水焯熟后再加入一些麻油、蒜末、盐巴等调味。焯熟的豆角清脆，在咸鲜的调味下依然能品出清甜的蔬菜本味。正是这种简单的调味，淳朴的烹饪方式，让陈澄每一口都能感受到大自然的馈赠，以及宋人对蔬菜的深深热爱与追求。

斑斓果香，味蕾之景

在这幅温婉的画卷之中，水果不仅是自然的馈赠，更是味蕾的欢歌，它们以斑斓的姿态，酸甜的滋味，点缀着宋人的生活，谱写出一曲曲关于味道的乐章。

宋时，水果之丰富，犹如繁星点点，照亮了饮食文化的夜空。荔枝，那绯红的外衣包裹着温润如玉的果肉，每一颗都是大自然精心雕琢的艺术品，每一口都是甜蜜的承诺，让人沉醉其中；龙眼肉，晶莹剔透，如同晨露，又似珍珠，显现出温和的光泽，清新中带着淡淡的芬芳，仿佛吃一颗就能洗净尘世的烦恼，给予人们心灵的抚慰；石榴，则是酸甜交织，粒粒如宝石般璀璨，每一颗都藏着秋天的秘密，轻轻一咬，酸甜可口的汁液便在口中绽放，带来满满的幸福感；桃子，多汁而甘甜，咬下一口，便是满嘴的夏日风情，那细腻的果肉和清甜的汁水仿佛能带人瞬间穿越到炎炎夏日的果园之中，让人心生欢喜。这些水果，不仅是自然的恩赐，更成为宋人生活中不可或缺的美味佳品，它们以各自独特的风味，丰富了宋人的餐桌，也滋养了他们的心灵。

宋人对水果的热爱，不仅停留在直接品尝的层面，他们更将这份自然的馈赠，转化为一种生活的艺术。水果，在他们的巧手下，幻化成了一道道精致的甜品与饮品，成为宋代饮食文化中一道亮丽的风景线。其中，"蜜煎水果"尤为引人注目，它不仅是味觉的盛宴，更是宋人智慧的表达。想象一下，在微风轻拂的春日午后，宋人将各式水果精心挑选，切成小巧玲珑的块状，然后轻轻放在蜂蜜中，慢火细炖，直至水果的水分析出，控干水，再次加蜜，煎至蜜收干。那份甜蜜被凝固于水果之上，果肉因此呈透亮琥珀色，如此一来，果肉水分被蜜代之，酸度减少，甜味增加，亦更便于保存。每一个有幸品尝的人，都能感受到那份来自前人的智慧与匠心。当甜蜜在舌尖轻轻化开时，那一刻的幸福感仿佛凝固成了永恒。

更令人赞叹的是，宋人在水果饮品的创造上，也展现出了非凡的创意与品味。他们将水果榨汁，或是将榨出的汁与米酒巧妙结合，创造出既清新又醇厚的饮品。一杯杯水果饮品，如同流动的色彩，为宋人的生活增添了几分雅致与情趣。在炎炎夏日，一杯冰凉的西瓜汁如同清泉般滋润心田；而在寒风凛冽的冬日，一杯温热的柑橘酒则能驱散寒冷，温暖身心。四季轮回，水果之味，永不落幕。

宋朝的水果文化，是对美味的追求，也是一种生活态度的体现。在那个时代，水果的种植与养护，被赋予了极高的艺术价值与精神寄托。宋人对待水果，如同对待珍贵的艺术品，他们细心培育，精心照料，力求每一颗果实都能达到最佳的口感与外观。在先人的经验积累与日常实践中，宋人已摸索出嫁接技术，令桃、杏等水果品种更加丰富。在水果运输、交易过程中，也逐渐形成了保鲜意识，采摘时保留细枝。他们还会用竹篮装盛水果，以防其受损。在他们眼中，水果不仅是食物，更是大自然赋予的宝贵财富，是值得用心去感受、珍惜的生命之礼。

图6-5　〔北宋〕赵佶　《紫荔山禽图》　（大都会艺术博物馆藏）

当陈澄品尝着蜜煎水果时，那份甜美的滋味，仿佛令她置身于一片丰收的果园之中。每一口都是对大自然的深深敬意，每一口都是对宋人智慧与审美的由衷赞叹。那一刻，陈澄心中对美好生活的向往，与对自然之美的无限崇敬油然而生。

肉类醇香，餐桌之曲

在宋代美食画卷中，肉类它以丰富的姿态，点缀着宋人的生活，演绎着一曲曲关于味道与文化的交响乐。

宋时，肉类是餐桌上的重要食材。别说是达官显贵，就是平民百姓、寻常人家，也有不少的选择。猪肉，那鲜嫩的肉质，如同初春的桃花，粉嫩而充满生机，每一口都是对味觉的温柔抚慰；羊肉，醇香四溢，宛如夏日的骄阳，热烈而深沉，每一口都蕴含着大地的馈赠；鸡肉，细腻如丝，仿佛秋日的清风，轻柔而优雅，每一口都是对味蕾的极致挑逗；鱼肉，鲜美无比，犹如冬日的雪花，纯净而晶莹，每一口都带着水乡的清新与灵动。这些肉类，不仅是食物，更是宋人生活中的美味佳品，它们以各自独特的风味，丰富了宋人的餐桌。

宋人善于利用煎、炸、焖、炖、煮、烤等多种方式，将肉类制作成各种美味，每一种烹饪方法都蕴含着他们对食材的尊重与热爱。其中，烤肉尤为引人注目，它不仅是味觉的盛宴，更是视觉与嗅觉的双重享受。比如在十月初一的冬日午后，宋人将精选的肉类切成薄片或小块，置于暖炉上，慢慢烤制，那肉香与火烟交织在一起，形成了一幅动人的画面。待肉熟之时，再加入各种调料调味，那烤熟的肉类口感鲜嫩多汁，在舌尖上缓缓绽放，让人沉醉其中，无法自拔。

除了烤肉，宋人还擅长以炖、煮的方式烹饪肉类。他们选用新鲜的肉类，搭配各种香料和草药，慢火细炖，直至肉质酥烂，汤汁浓郁。这样的烹饪方式，使得肉类更加入味，口感更加丰富。

在宋朝，肉类的吃法也颇为讲究。宋人注重食材的搭配与口味的调和。他们常常将烤肉与新鲜的蔬菜一同食用，以蔬菜的清爽来中和烤肉的油腻；而将炖肉与米饭或面食搭配，使得肉类的醇厚与主食的清淡相得益彰。此外，宋人还将猪后腿制作成了火腿，以便保存，随时享用。

陈澄，也有幸品尝到了这宋代的烤肉。那肉类的鲜美与调料的醇香交织在一起，形成了一种难以言喻的美味，让陈澄感受到了宋朝饮食文化的独特魅力。那烤肉的香气，如同宋代的诗词一般，优雅而深沉，让人回味无穷。

除了烤肉之外，宋人还擅长制作各种其他肉类佳肴。东坡肉，那醇厚的肉质与浓郁的酱汁交织在一起，形成了令人难以抗拒的美味佳肴；白斩鸡，那细腻的鸡肉与清新的调料相得益彰，每一口都充满了鲜美的味道；而鱼肉，则常被宋人制作成鲜美的鱼汤或鱼羹，那清新的鱼香与丰富的汤汁交融在一起，形成了一种独特的美味。这些肉类佳肴，不仅是宋人餐桌上的奢侈品，更是他们饮食文化的重要组成部分。

宋人对肉类的热爱，不仅体现在他们的烹饪方法上，更体现在他们对养殖鸡、鱼、猪、牛的精心照料上。他们会在阴凉

通风处搭建鸡舍，让鸡群在阳光下奔跑；他们会在池塘边修建
鱼塘，让鱼儿在水中嬉戏；他们会在田野间种植丰富的小草，
让猪群与牛群吃饱肚子，茁壮成长。在他们眼中，这些牲畜不
仅是食物来源，更是他们耕种劳作与日常生活的伙伴。他们用
心地照料着这些牲畜，用爱呵护着它们成长。

　　在宋朝的田畴与餐桌之间，陈澄深深感受到了食材的独特
之处与烹饪艺术的魅力。那稻米之细腻、面粉之松软、蔬菜之

图6-6　〔南宋〕毛益　《鸡图》　（东京国立博物馆藏）

鲜脆、水果之酸甜、肉类之鲜嫩，都仿佛是宋朝饮食文化的缩影。而肉类，作为其中的重要组成部分，更是以其丰富的种类与独特的烹饪方法，成为宋朝饮食文化中的一道亮丽风景线。

第三节　生态之韵，绿色智慧

陈澄漫步于那繁华的市井与丰饶的田野之间，她的笑容与活力，为这个时代注入了一股清新的气息，让每一个遇见她的人都能感受到那份由衷的欢乐与温暖。她探寻着宋人在食材利用上的生态智慧，那融入生活的环保理念，让陈澄这个现代人也为之动容。

熏烤腊肉，风的使者

宋朝，一个农耕文明达到鼎盛的时代，人们在食材的利用上展现出了非凡的生态智慧。他们深知，大自然的馈赠虽慷慨，但亦需珍惜。于是，在食物储存与废弃物再利用等方面，宋朝人发展出了一套独特的环保理念与实践方法。

食物储存，是宋人生态智慧的重要体现。在那个没有现代冷藏技术的时代，他们却巧妙地利用自然条件，创造出了多种多样的食物保存方法。陈澄也亲身体验了这些古老而智慧的方法。在农户家中，她见到了用竹篓盛放的稻米，被放置在通风干燥之处，以保持其新鲜。而那腌制过的蔬菜与鱼肉，则被封

图6-7　〔宋〕佚名　《宫沼纳凉图》　（台北"故宫博物院"藏）

存在陶罐之中，用盐与时间的魔法，锁住其风味与营养。更有那烟熏火烤的腊肉，悬挂在屋檐之下，仿佛是风的使者，将时间的味道缓缓固定下来。宋朝人在冷藏与冰鉴方面也展现出相当的生活智慧，利用冰鉴来冷藏食物，类似于现代的冰箱，能够通过冰块来保持食物的新鲜度。

干腌糟制，探寻奥秘

在悠久的烹饪历史长河中，干、腌、糟制以其独特的韵味和保鲜智慧，成为存味佳肴的代名词。想象那鲜嫩的羊肉、鹿肉，在洗净之后，被细盐轻轻拥抱，仿佛穿上了一层味觉的纱衣。或是白醋、花椒等调味料的热情加入，为肉质注入灵魂的火花。经过高温的烹煮，肉质变得柔软而富有弹性，再沐浴在阳光之下，暴晒成干，化为肉脯，不仅延长了保质期，更锁住了那令人回味无穷的口感与丰富的营养。而河豚等鱼类，也在这样的魔法下，摇身一变，成为鱼脯，带着河水的清新与阳光的温暖，诉说着时间的味道。

谈及干制，宋代的匠人无疑将这门技艺推向了新的高峰。他们巧妙地利用晾晒、烘干等手段，将大自然的馈赠——无论是翠绿的蔬菜还是饱满的果实，一一转化为便于长期保存的干品。这些干菜、干果，如同时间的信使，穿越季节的变换，将美味与营养送达每一个渴望它们的人。

而糟制，则是一门更为巧妙的保存艺术。它利用酒糟的醇厚，为食物披上了一袭芬芳的外衣。生糟与熟糟，两种不同的处理方式，却都能让食物在酒糟的怀抱中，发酵出别样的风味。在宋朝，糟制品如糟蟹、糟猪蹄、糟鹅等，不仅是餐桌上的常客，更是人们智慧的结晶，体现了那个时代对于饮食的极致追求与创新。干、腌、糟制，不仅是保存食物的方法，更是一种文化的传承，一种对美好生活的向往。在那个没有现代冷藏技术的时代，宋朝的人们用智慧和勤劳，创造出了这些存味手段，让每一口食物都充满了时间的味道与情感的温度。

精建粮仓，节约珍惜

陈澄发现，在宋朝那片繁华与智慧并蓄的土地上，朝廷对于粮食的珍视与储存，犹如对待稀世珍宝，精心搭建的一座座粮仓，犹如守护国家命脉的坚固堡垒。这些粮仓，不仅是简单的储物之所，更是智慧与匠心的结晶。它们的设计精妙绝伦，防潮、防腐、降温，每一环节都凝聚着古人的心血与智慧。想象一下，粮仓底部高高的防潮地基，与外部席子、糠、木板、草木灰等防潮材料，将潮湿带来的风险拒之门外。而定期晒粮食的传统，更是如同温暖的阳光之手，轻轻拂去每一粒粮食上的湿气，让它们得以长久保存，焕发勃勃生机。宋朝的人民，深谙"谁知盘中餐，粒粒皆辛苦"的道理，他们对待食物既敬畏又珍惜。

在那个时代，每一粒粮食都被视为上天赐予的宝贵礼物，因此在储存时，人们力求节约，不容丝毫浪费。家家户户，无论是富贵之家还是贫寒小户，都学会了巧妙利用每一寸空间，让每一份食物都能得到最妥善的安置。他们发明了各式各样的储粮器具，既美观又实用，在保证粮食新鲜的同时，增添了他们对生活的热爱。在那个没有现代科技辅助的年代，宋人凭借着对生活的细腻观察与不懈探索，将节约与珍惜的理念深深植根于日常之中。

他们相信，每一份节约下来的粮食，都是对未来的投资，是对子孙后代的责任。因此，宋朝的粮仓多数时候相对充盈，成为国家安定的基石，也映照出那个时代的人们对于生活的智慧与远见。陈澄深深感受到宋朝不仅以其文化的繁荣著称，更以其对粮食的精建储存与深刻节约理念，为后世留下了一笔宝贵的财富。

废物巧用，物尽其妙

而废弃物再利用，更是宋人生态智慧的闪耀之处。在那个时代，人们深知"物尽其用"的道理。厨余垃圾，不是简单的废弃物，而是肥沃田地的宝贵养分。陈澄见农妇们将剩饭剩菜收集起来，与草木灰混合，制作成肥料，再施于田间，使得土地更加肥沃，作物更加苗壮。而那看似无用的鱼鳞、鱼骨，也被研磨成粉，作为家禽的饲料，实现了资源的循环再利用。

宋人在日常生活中展现出较强的环保意识，他们不仅珍惜自然资源，还通过实际行动减少废弃物的产生并实现资源的再利用。在印刷与书写方面，宋人将废旧公文纸背面用于印刷书籍或书写信件，实现了资源的再利用。宋人还在军队中进一步推行使用纸甲，人们利用陈年账簿等废纸制造纸甲，用于抵御敌军刀剑及箭镞的伤害。部分公文废纸被官方卖出，形成了废弃物交换与售卖的市场，促进了资源的循环利用。宋人通过废弃物再利用的实践，体现了可持续发展的理念。

　　陈澄感受到宋人的智慧，如同一股清泉流淌在那个时代的社会农业发展之中。这种智慧，不仅是对食材的巧妙利用，更是一种生活哲学，一种与自然和谐共生的态度。它告诉我们，只有尊重自然、珍惜资源，才能实现人与自然的和谐共生，才能创造出更加美好的未来。

　　这让陈澄深感敬畏与钦佩，看到了那千年的时光中，宋人用他们的智慧与汗水，浇灌出了一片片绿色的希望。那希望，如同春天的嫩芽，破土而出，向着阳光生长，向着未来蔓延。愿人们都能从宋朝的生态智慧中汲取力量与启示，共同守护这片美丽的家园，让绿色的希望永远蔓延在人间。

　　陈澄身着宋朝的服饰，聆听着那风的声音、那水的歌唱、那土地的呼吸，欣赏着宋人与自然和谐共生的美好画面。

第七章

食医同源
养生之道

第一节　食疗文化，瑰丽篇章

在历史的长河中，宋朝不仅以其繁荣的经济、璀璨的文化著称，更以其独特的食疗观念与养生之道，为后世留下了宝贵的财富。在"穿越"之旅中，陈澄将揭开宋朝食疗文化的神秘面纱，探寻那些藏匿于日常饮食中的养生智慧。

宋朝，一个风雅与世俗并蓄、雅俗共赏的时代，人们对于生活的追求不仅仅局限于物质的富足，更在于身心的和谐与长寿。食疗，这一融合了医学与烹饪的智慧结晶，便是在这样的背景下，发展与普及程度都远超前代。它不仅是一种饮食方式，更是一种生活哲学，一种对自然的敬畏与顺应。

在那个时代，人们深信"食医同源"，认为食物不仅是滋养身体的必需品，还是预防疾病、调理身体的良药。每一种食材都被赋予了独特的药性，它们或温或凉，或补或泻，在巧妙搭配之下，便能成为调理身体的秘方。《圣济总录》中记载："人资食以为养，故凡有疾，当先以食疗之，盖食能排邪而保冲气也。"

在宋人的食疗观念中，食物的作用被无限放大。它不仅能满足口腹之欲，更能疗愈身心。比如，一碗温热的姜汤，在寒风凛冽的冬日里，不仅能驱散体内的寒气，更能温暖人心，仿佛一缕阳光照进心房；一盘清蒸的鲈鱼，肉质细嫩，滋味鲜美，既能滋补身体，又能让人心情愉悦，仿佛置身于江南水乡的温柔之中。

金玉羹汤，温润画卷

陈澄对宋朝食疗文化充满好奇与向往，她曾翻阅古籍，在《山家清供》中找到了一道食疗膳方——金玉羹。它以栗子与山药搭配，呈现黄金、白玉两种颜色。栗子和山药中丰富的淀粉溶于加了羊肉的汤水中，令汤更加黏稠；羊肉汤中的油脂在煮羹的过程中，均匀分散，令蔬食富含油脂香气，更加美味。宋人认为，得益于这些食材，金玉羹不仅能调养脾胃，更能强健体质。

为了制作这道食补佳肴，陈澄动身前往市井。市井的一切对她都充满了无尽的吸引力。她时而驻足于街边的小摊，好奇地打量着那些琳琅满目的商品，时而与过往的行人友好地交谈，分享着彼此的喜悦。她像一只欢快的蝴蝶，在市坊间翩翩起舞，给这个繁华的街市带来了一抹亮丽的色彩。不久，她精心挑选了一把栗子和两根山药，蔬菜商贩告诉她，这种山药最宜煲汤。她还买到了一块鲜嫩的羊肉，价格可不便宜。陈澄按照古籍上的记载，诚心诚意，一步一步地烹制，仿佛在举行一场神圣的仪式。

随着火候的加深，汤锅中渐渐弥漫出一股浓郁的香气，那是食材本真的味道，纯净而深邃。这股香气，也是时间与耐心的结晶，它凝聚了陈澄对这道汤品的期待与热爱，更凝聚了宋人对食疗和养生的智慧与追求。

栗子与山药终于炖至酥烂，陈澄迫不及待地品尝了一口。那滋味，既有羊肉的鲜美，醇厚而浓郁，如同草原的晨雾般柔和缠绵；又有栗子与山药的甘甜，清新而淡雅，宛如春日的微风般温柔拂面。这两种味道在口中交织、融合，仿佛一口饮下了整个春天的温暖与生机，让陈澄的味蕾与心灵都得到了极大的满足。

这道金玉羹以简单的食材创造出了非凡的滋味与养生效果，这不仅让陈澄深深感受到了宋人对食疗和养生的热爱与追求，更让她对这道汤品背后所蕴含的深厚文化底蕴产生了浓厚的兴趣。

陈澄开始深入研究宋朝的食疗文化，翻阅食谱医书，探寻那些食疗配方与养生之道。她发现，宋朝的食疗文化不仅是一道道美味汤品，更是一种生活哲学，一种健康之道。它教会了人们如何用心去品味食物，如何用智慧去守护健康，如何用热爱去追寻生活的真谛。

在这场穿越时空的旅行中，陈澄不仅品尝到了金玉羹的美味，更领略到了宋朝食疗文化的魅力。陈澄深深地被这份独特的文化所吸引，决定将其传承与发扬光大。她相信，这份源自宋朝的食疗智慧，定能在现代社会中绽放出更加璀璨的光芒，为人们的健康生活增添一份独特的色彩。

这一刻，陈澄置身于宋朝的市井之中，看着那些文人墨客、市井百姓在品尝着美味的食疗佳品时，脸上洋溢着满足与幸福的笑容。她听到了那些宋人在谈论着食疗的养生之道时，口中的赞叹与向往。这份热爱与追求照亮着陈澄探寻宋朝美食前行的道路，熠熠生辉。

图7-1　〔北宋〕崔愨　《杞实鹌鹑图》　（台北"故宫博物院"藏）

紫苏饮，养生凉茶

除了金玉羹，宋朝的食疗文化中还有许多其他的瑰宝。紫苏饮，这盏被宋仁宗推崇备至的凉茶，仿佛一幅温婉细腻的水墨画，诉说着一段关于味蕾与健康的佳话。紫苏叶隔纸在火上轻轻烘焙，待香气四溢收起，仿若采摘春日里初绽的花朵。将烘过的紫苏叶先用开水泡一次，倒去第一泡，再重新注入滚水即可。这不仅是一盏茶，更是一段穿越古今的食疗智慧，承载着宋人对自然的敬畏与养生的热爱。

品一口紫苏饮，既能消暑提神，还能感受到时间的流转与生命的律动。上至宫廷，下至市井，紫苏饮风靡一时。

若不满足于紫苏饮的魅力，还有沉香饮、薄荷饮、桂花饮、乌梅饮等，它们不但各具风味，还有祛病健身之效果。在宋朝，文人墨客常以茶饮养生。有些饮子可润肺化痰，有些饮子可提升光彩，焕发容颜。

在一个月白风清的夜晚，陈澄手捧一杯紫苏饮，静坐在窗前。清香袅袅升起，与月光交织成一幅宁静致远的画面。轻啜一口，那清香瞬间在舌尖绽放，随后缓缓流淌至心田，带来一种难以言喻的满足与安宁。那一刻，仿佛所有的烦恼都被这杯饮子化解，只留下心灵的纯净与宁静，以及对生活无尽的热爱与向往。

紫苏饮提醒她，无论时代如何变迁，对自然的敬畏，对健康的追求，对生活的热爱，永远是人类共同的语言。在忙碌与喧嚣之中，不妨给自己泡上一紫苏饮，让这份源自宋朝的养生魅力，滋养身心与灵魂，让生活因这一抹清新与甘甜而变得更加丰富多彩。

璀璨明珠，山药佳粥

再比如，山药粥，这碗温润如玉的佳肴，是宋朝食疗文化中的又一颗璀璨明珠，静静地躺在历史的长河中，散发着淡淡的、却又不失深沉的光芒。山药之平和，如同春日里轻拂面颊的微风，不带一丝锋芒，却蕴含着大地的滋养与温暖；米粥之温润，宛如初雪覆盖下的田野，纯净而柔和，给予人以最温柔的拥抱。这不仅是一碗粥，更是宋人智慧的结晶，是他们对自然与健康的深刻理解与追求。

在宋朝，食疗并非简单的饮食之道，它是一门艺术，一种哲学，是文人墨客、市井百姓共同的生活智慧。山药粥，便是这门艺术中的佼佼者，它以健脾养胃、补中益气的独特功效，成为宋人调理身体的良方。每一口粥，都像是一位温婉的医者，轻轻抚慰着疲惫的脾胃，为身体注入一股温暖而坚定的力量。它不言不语，却用行动诠释着"药食同源"的古老智慧，让人在品尝美味的同时，也享受着健康的馈赠。

制作山药粥的过程，更像是一场隆重的仪式，是对宋朝烹饪方法与养生哲学的深刻致敬。陈澄以一颗敬畏之心，精心挑选上等山药，那山药肉质细腻，色泽洁白，宛如山顶冰雪般纯净。她遵循古籍上的记载，将山药细细研磨，与米同煮，火候的掌握恰到好处，既保留了山药的清新，又融入了米粥的醇厚。随着时间的流逝，锅中渐渐弥漫出一股浓郁的香气，那是食材本真的味道，也是厨艺与耐心的结晶。当粥终于炖至绵滑，陈澄迫不及待地品尝了一口，那滋味，既有山药的甘甜，又有米粥的温润，仿佛一口饮下了整个春天的温暖与生机，让人心生欢喜，回味无穷。

在宋朝，无论是文人雅士还是寻常百姓，都深谙食疗之道，他们相信，食物是最好的药物，而山药粥便是他们手中的一剂良方。它如同一位默默无闻的守护者，守护着人们的健康，让疲惫的身体得以恢复，让虚弱的脾胃得以强健。每当寒风凛冽或是身体不适之时，一碗热腾腾的山药粥，总能带来无尽的安慰与治愈，仿佛是大自然最温柔的抚慰。

在那个风雅与世俗并蓄的时代，人们围炉而坐，共品一碗山药粥，谈论着诗词歌赋，享受着生活的美好与宁静。当陈澄品尝到这碗山药粥时，也怀着一颗感恩的心，感受这份温暖与智慧。这份源自古老的食疗瑰宝，即使是在现代生活中依然绽放光彩，滋养着无数人的身心。

在那个时代，人们善于从自然中汲取灵感，将寻常食材巧妙搭配，创造出诸多别具一格的食疗偏方。比如，一个简单的葱白生姜汤，便能缓解风寒感冒的症状，让人在病痛中寻得一丝温暖与安慰；又如，将菊花与枸杞一同泡茶饮用，不仅能清热解毒，还能明目养神，是宋人常用的提神醒脑之方。

宋朝的食疗方法更是多种多样，既有炖煮、蒸炒等常见的烹饪方式，也有腌制、泡制等独特的制作手法。每一种方法都蕴含着对食材的深刻理解与尊重，力求在保留食材本真味道的同时，最大限度地发挥其养生功效。正是这些食材与加工方式的巧妙结合，使得宋朝的食疗文化更加丰富多彩，为后世留下了宝贵的养生财富。

陈澄相信，只有真正懂得食物的人，才能懂得生活的真谛。它以其独特的魅力，吸引着我们去探寻、品味与传承。

第二节　药膳佳肴，养生密码

在历史的长河中，食与医，如同两条并行的溪流，时而交汇，时而分流，却始终相互依存，共同滋养着中华儿女的身心。这便是"食医同源"的古老智慧，它告诉我们，食物不仅是味蕾的盛宴，更是身体的守护者。

陈澄，这位对古代文化充满好奇的现代女子，在一处幽静的市集角落，意外发现了一本泛黄的医道古书。书页间，透露出宋人对药膳佳肴与养生的深厚情感。她轻轻翻开书页，感受到了那个风雅与智慧并存的朝代中的三道药膳佳肴的独特魅力。

当归羊肉，悠扬雅乐

第一道药膳佳肴，名曰"当归羊肉汤"。这道菜，如同一首悠扬的雅乐，回荡在陈澄的耳畔，引领她穿越时光的长廊。这道菜，不仅是一道味蕾的盛宴，更是一幅流动的画卷，铺展在陈澄的心间。

当归，那深褐色的根茎，宛如承载了岁月的痕迹，蕴含着大地的深邃与厚重。它静静地躺在炖盅之中，与鲜嫩的羊肉共同沐浴在温暖的汤泉里，彼此交融，相互渗透。火舌舔舐着锅底，时间仿佛在这一刻凝固，只留下那浓郁的香气，如丝如缕，悄然飘散。羊肉的醇厚与当归的药香交织在一起，形成了一种难以言喻的香气，吸引着陈澄的心魄。

古书上记载，这道"当归羊肉汤"能够补血养颜，温暖脾胃，是宋人养生的智慧结晶。汤中的当归，被誉为"血中圣药"，其滋补之力，足以令容颜焕发青春之光；而羊肉，则是温补之上品，能驱散体内之寒气，使脾胃得以温暖。二者相结合，犹如天地之交融，阴阳之调和，共同孕育出这道口感绝妙与有益养生的药膳佳肴。

市井中的人们围炉而坐，炉火熊熊，映照着他们期盼的脸庞。他们手捧瓷碗，轻轻吹散热气，品尝着这道汤品。热腾腾的汤，传递着一股温暖的力量，它从人们的舌尖蔓延至全身，注入每一个细胞。每个人的疲惫与忧愁在这股力量的冲刷下，渐渐消散，取而代之的是满满的活力与喜悦。

当归的甘甜、辛香与羊肉的鲜美相互融合，形成了一种独特的口感。既有肉的醇厚，又有药的芬芳，让人在品尝的瞬间，仿佛感受到了生命的蓬勃与活力。陈澄看到，那些宋朝的仕女们，在清晨的阳光下，手捧一碗当归羊肉汤，慢慢品尝。那滋味，如同春天的暖阳，温暖了她们的身心。她们的脸上洋溢着满足与幸福的笑容，那是一种由内而外的美丽，一种被滋养的自信。那汤仿佛带着一股清新的力量，让她们在喧闹的生活中，找到了一份宁静与安详。

陈澄品尝到当归羊肉汤时，滋味如丝如缕地渗透到她的身心之中。当归与羊肉相互交融的美妙口感，仿佛有一股温暖的力量在她的身体之中流淌。那滋味，既有肉的醇厚又有药的芬芳，让她在品尝的瞬间仿佛感受到了生命的蓬勃与活力。

　　她知道，这道菜不仅是一道美食，更是一份情感的共鸣，一份文化的认同。她期待着，在未来的日子里，能够带着这份古老的智慧走遍千山万水，将当归羊肉汤的美味与养生之道传播到每一个角落。

茯苓薏米，清新温润

　　第二道药膳佳肴，名曰"茯苓薏米粥"。它如同一幅清新的山水画映入陈澄的眼帘，带给她一场视觉与味觉的双重盛宴。茯苓洁白无瑕，宛如山涧中潺潺流动的清泉，纯粹至极，蕴含着大自然的纯净与清新。它被切成块状，静静地躺在砂锅中，与颗颗饱满的薏米相遇，共同沐浴在温暖的汤泉中，逐渐析出本味，相互渗透。那火焰，如同一位温婉的画家，用时间的笔触，在这道粥品上勾勒出一幅生动的画卷。

　　随着时间的推移，茯苓与薏米的香气逐渐弥漫，它们交织在一起，拥有一种令人安定的力量，安抚着陈澄的心绪。那香气，既有茯苓的淡雅，又有薏米的醇厚，它们相互映衬，共同演绎出一曲美妙的交响乐。终于，当砂锅中的粥品熬煮至浓稠时，一碗茯苓薏米粥便呈现在了陈澄的面前。粥品色泽淡雅，口感清爽，既有茯苓的爽滑，又有薏米的弹性，让人在品尝的瞬间，仿佛感受到了山间清泉与田野微风的自由。

古书上记载，茯苓薏米粥能够健脾利湿，安神养心，是宋人养生的智慧结晶。茯苓，被誉为"四时神药"，其健脾之力，足以令脾胃焕发青春之光；而薏米，则是利水祛湿之上品，能驱散体内之湿气，使身心得以轻盈。二者相结合，共同孕育出这道药膳佳肴的绝妙口感与养生功效。

陈澄轻轻捧起这碗茯苓薏米粥，感受着那温暖从指尖传递到心底。那滋味，既有粥的温润又有药的芬芳，在品尝的瞬间仿佛感受到了"食医同源"的厚重底蕴。同时，也能深刻体会到这道菜所带来的健脾利湿、安神养心的神奇功效。

此时站在厨房的窗棂前，陈澄仿佛看到，那些妙手庖厨，在清晨的阳光下，精心挑选着茯苓与薏米，用心地熬煮着这道粥品。他们的手法细腻，每一个步骤都蕴含着对食材的尊重与对药膳的热爱。那火焰，在他们的掌控下，如同一位舞者，跳跃着欢快的舞步，将茯苓与薏米的香气完美地融合在一起。

轻柔细腻，百合莲子

第三道药膳佳肴，名曰"百合莲子羹"，它宛如一首轻柔细腻的小诗，悄然飘落在陈澄的心田，为她带来了一场味蕾与心灵的双重盛宴。这道菜，不仅是一道美味的佳肴，更是一曲醉人的宋词，吟唱着宋朝的风雅与智慧。

百合与莲子，这两种食材，如同天上的云朵，洁白无瑕，纯净高雅。它们静静地躺在砂锅中，在温暖的火焰之上，共同沐浴于一锅汤水之中。在火焰的加持下，它们渐渐释放出自己的香气与味道，在水中交融，为这道羹品点缀江南风味。百合的清甜与莲子的苦味，交织在一起，产生一种难以言喻的魔力，吸引着陈澄，让她沉醉在这股清新的气息中，仿佛置身于一片百合与莲子交织的梦幻之地。

随着时间的推移，砂锅中的羹品逐渐变得浓稠细腻，百合与莲子的香气也愈发浓郁。那香气，既有百合的清新淡雅，又有莲子的先甜后苦，它们相互映衬，共同演绎出一曲美妙的交响乐。这香气，宛如一缕清风，拂过陈澄的脸庞，带走了她心中的烦躁，留下了一片宁静。

终于，当这道"百合莲子羹"熬煮至绵软细腻、晶莹澄澈时，它被轻轻地盛入碗中，呈现在了陈澄的面前。那羹品色泽如玉，口感绵软，回味悠长，让人在品尝的瞬间，仿佛感受到了云朵的轻盈与天空的辽阔。它如同一股温柔的力量，悄悄地滋润着人们的身心，让人在疲惫的生活中，找到了一份自得其乐的悠然。

古书上记载，百合莲子羹能够清心润肺，安神养颜，是宋人养生的智慧结晶。百合，被誉为"云裳仙子"，其清心之力，足以令人心旷神怡；而莲子，则是润肺之上品，能驱散体内之燥热，使身心得以轻盈。二者相结合，相得益彰，共同孕育出这道药膳佳肴的绝妙口感与养生功效。

她感受到百合的清新与莲子的甘甜相互交融的美妙，仿佛一股温柔的力量在流淌在她的身体之中。那滋味充满了羹汤的温润与植物的芬芳，让她在品尝的瞬间感受到了生命的蓬勃与活力。同时，她也能深刻体会到这道羹汤所带来的清心润肺的神奇功效。

　　这道羹品，让人感受到一种无法言喻的舒适与满足。

　　这三道药膳佳肴，不仅是味蕾的盛宴，更是对身心的滋养。它们以药膳的力量，为人们的身体注入温暖与活力。在宋朝，药膳佳肴与养生之道一直紧密相连，人们深谙"食医同源"的智慧，懂得用食物的力量来守护自己的健康与美丽。这份智慧不仅仅属于宋人，更属于每一个热爱生活、追求健康的人。

　　那本泛黄的医道古书以及其中记载的三道药膳佳肴如同点点烛火，照亮了陈澄探索养生之道的道路，也温暖着每一个追求健康生活的人的心灵。

第三节　宋风理念，现代回响

在历史的长河中，宋朝如同一轮明月，高悬于中华文明的夜空，其光辉不仅照亮了当时的繁华盛世，更为后世留下了丰富的文化遗产和健康生活的智慧。陈澄在这段时间充分地感受到宋人的健康理念，它如同一股清泉，流淌在他们的日常生活中，滋养着他们的身心，也为现代人提供了一面镜子，映照出健康生活的真谛。

和清相间，平衡适度

宋人的饮食观念，讲究的是"和"与"清"。在他们看来，食物不仅是果腹之物，更是与天地自然相和谐的媒介。他们追求食材的新鲜与纯净，如同追求心灵的明净与无垢。宋人的餐桌上，可以看到琳琅满目的时令蔬果，它们或清脆爽口，或甘甜如饴，都是大自然最真挚的馈赠。宋人深知"药补不如食补"的道理，他们通过合理的膳食搭配，将食物的营养价值发挥到极致，既满足了口腹之欲，又滋养了身心。

在营养摄入方面，宋人讲究的是"平衡"与"适度"。他们不像现代人那样身边充斥着高热量、高脂肪的食物，而是更注重食物的多样性和营养的均衡。他们的餐桌上既有富含蛋白质的肉类，也有富含维生素的蔬果，还有提供丰富膳食纤维的粗粮。这种均衡的饮食结构，使得宋人的身体得以保持健康与活力。在饮食方面，宋人讲究的"和"与"清"，对新鲜食材与均衡膳食的追求，很是值得后人学习。

热爱运动，和谐共生

宋人的健康生活方式，更是值得现代人学习。他们崇尚自然，喜欢亲近山水，将身心融入大自然的怀抱。无论是文人墨客笔下的山水画卷，还是市井百姓的日常生活，都充满了对自然的热爱与向往。他们深知运动的重要性，无论是散步、打拳还是舞剑，都是他们保持身体健康的方式。这种与自然和谐共生的生活方式，使得宋人的身体与心灵都得到了极好的滋养。宋人的健康理念无疑为习惯了快节奏、高压力的生活方式的陈澄提供了一盏明灯。她想，在生活方式上，人们应该效仿宋朝人的"自然"与"运动"，多亲近自然，多进行户外活动，让身心得到充分的放松与锻炼。

宋人的健康理念让陈澄意识到，保持健康并不是一件遥不可及的事情，它蕴含在人们日常生活的点点滴滴之中。只要每个人用心去体会、去实践，就能找到属于自己的健康之道。这种健康理念就像那一轮高悬于夜空的明月，无论时代如何变迁，它都静静地照耀着人们前行的道路。在现代社会，人们常常被各种健康问题所困扰：肥胖、高血压、糖尿病……这些疾病的背后，往往隐藏着不良的生活习惯和饮食习惯。而宋人的健康理念，正是一剂良药，能够治愈现代人的"疾病"。

陶冶情操，修身养性

宋人的健康理念关注的不仅仅是身体上的健康，更是心灵上的健康。他们通过诗词歌赋、琴棋书画来陶冶情操、修身养性，追求淡泊与宁静。现代社会的人们也可以通过阅读、音乐、旅行等方式来丰富自己的内心世界，使自己的心灵得到滋养与成长。当然，要实践宋人的健康理念并不是一件容易的事情。它不仅需要人们改变原有的生活习惯和思维方式，更需要人们有足够的毅力和恒心去坚持。

陈澄感受到宋朝的食疗和养生，不仅是对宋人健康理念的诗意描绘，更是对现代人的一种启示与召唤。它告诉人们：无论时代如何变迁、科技如何发展，健康永远是人们最宝贵的财富。只有拥有了健康，才能更好地享受生活、创造未来。

第八章

归途织梦
时光之桥

第一节　跨越时空，赏味归来

在这场跨越千年的宋朝美食盛宴中，陈澄化身为一位穿梭于历史长河中的味蕾探险家，往来于时间的脉络，品尝着古人智慧与自然馈赠的结晶。她穿梭于市井小巷，从热气腾腾的早点铺子到灯火阑珊的夜市摊位，她品尝到的每一口美食都激发了她对历史的深刻体悟，每一种风味都是文化的细腻演绎。这场穿越时空的旅程不仅是对美食的享受，更是对心灵的洗礼，让她收获了前所未有的满足与成长。

现代世界，现实岸边

又一次，当古籍中沉睡的神秘力量在一次偶然的翻阅中被唤醒，陈澄如同被一阵温柔的风轻轻吹过，眨眼间，便从那个繁华而又遥远的宋朝，回到了她熟悉的现代世界。那一刻，时间仿佛打了个旋儿，将她从历史的长河中轻轻捞出，又稳稳地放在了现实的岸边。

归来时，夜色已深，现代城市的灯火阑珊与记忆中的宋代夜景交相辉映，在她心中交织成一幅幅光怪陆离的画面。陈澄看向书中那个逐渐消失的神秘符号，心中满是五味杂陈，她明白，这场穿越回宋朝的奇遇已宣告结束，在完成对宋朝饮食的探索后，她就失去了这把开启旧时光的钥匙。她的心中，既有对那段奇妙旅程的不舍，也有对现代生活的重新审视与珍惜。她就像是一位远航归来的航海家，怀揣着异域的珍宝与故事，却也对家的温暖怀着无尽的眷恋。

空间转移，心灵蜕变

穿越归来，不仅发生了空间的转移，更为陈澄实现了心灵的蜕变。陈澄开始用一种对比古今的视角审视周围的一切，那些曾经习以为常的现代便利，在此刻看来，都充满了前所未有的新奇与魅力。就连街角那家 24 小时便利店，在她眼中也变得如同宋代夜市一般，充满了生活的烟火气与无限趣味。

如今的陈澄，在用智能手机点餐时，更加明显地感受到那种即时满足的快感，这与宋朝等待美食慢慢烹煮的过程截然不同，但两者各具特色。她走在熙熙攘攘的街道上，看着人们忙碌的身影，听着汽车轰鸣的声音，心中却感到一种前所未有的宁静。这些曾经让她觉得喧嚣和浮躁的事物，现在却让她感受到了生活的真实和活力。

她尝试着将宋朝的美食记忆融入日常，用现代的方式复刻那些令她魂牵梦绕的味道。每当一道菜肴在她手中渐渐成形时，那份跨越时空的情感便如同涟漪一般，在她心中缓缓地荡漾开来。这不仅是对美食的复刻，更是对那段经历的一次深情回望。

　　她学会了欣赏现代艺术的简洁与直接，当她与那些线条和色彩对望时，仿佛是与宋人工匠精神进行对话。她用文字讲述自己的穿越经历，把它们发表在个人社交平台上，也分享了宋朝美食的复刻方式，这些内容引来无数人的关注和共鸣。她发现，原来古今之间的桥梁，不仅让她与那个时代相连，更可以通过现代科技，连接每一个对生活充满好奇和热爱的人。

历史馈赠，细细品味

　　在这样的日子里，陈澄渐渐明白，无论是古代还是现代，生活本身就是一场盛大的旅行，每一刻都值得细细品味，每一次的经历都是心灵成长的宝贵养分。而她，有幸成为连接两个时代的桥梁，带着历史的馈赠，继续在现代的画卷上，绘出属于自己的色彩。

　　于是，陈澄的生活，因这场意外的穿越而变得丰富多彩；她的胸襟，也因这段特殊的旅程而更加深邃宽广。在未来的日子里，她将以更加饱满的热情，去探索、体验、创造，让生命中的每一个瞬间，都如宋朝的美食一般，充满韵味，值得回味。

　　如此，穿越归来，陈澄不仅带回了对历史的深刻理解与感悟，更带回了一颗更加敏锐、更加热爱生活的心。在时光的流转中，她学会了如何在平凡的日子里，寻找到不平凡的意义；如何在现代的生活节奏中，保留一份对历史的温柔回望。这，便是她"穿越"之旅最宝贵的收获，也是她对未来生活最美好的展望。

第二节　古今对话，风雅交响

在历史的长河中，饮食文化如同一面镜子，映照出时代的风貌与变迁。宋朝，一个经济繁荣、文化昌盛的时代，其饮食文化细腻而丰富；而现代，随着科技的进步与全球化的浪潮，饮食文化更是日新月异。通过陈澄的宋朝记忆和感受，她从食材选择、烹饪方法、餐桌礼仪、饮食观念四个方面，对比宋朝与现代的饮食文化异同，探讨了饮食文化随时代变迁的规律。

历史长河，风貌变迁

食材选择的变迁方面，在宋朝，由于农业和养殖业的发展，食材种类较之前代有所增加，但仍受限于地域和季节。肉类主要来源于家养的猪、鸡，羊肉价格较高，其消费主要集中在皇室与精英阶层，而牛则被视为重要的耕作、生产工具，官府明令禁止宰杀、贩卖耕牛。水产品方面，江河湖海提供了丰富的鲤鱼、鲫鱼、草鱼等。此外，宋朝还开始注重食材的质量和营养价值，许多新鲜的食材能够在各地之间流通。然而，虽宋人初步形成保鲜的意识，但由于缺乏现代化的技术，食材仍以当地生产的季节性食材为主。

相比之下，现代社会的食材种类极为丰富，不仅有各种肉类、蔬菜、水果等常见食材，还有来自世界各地的异国食材。全球化的贸易体系使得新鲜食材能够迅速跨越国界，满足人们的味蕾需求。同时，现代化的保鲜技术如冷藏、冷冻、干燥等，让食材的保存期限大大延长，人们可以随时随地享受到来自远方的美味。

宋朝受益于食材丰富，百姓追求的因素，已然初步发展了一些相对复杂的烹饪方式，比如烹、煮、蒸、烤、爆、腌、炖、腊、蜜等，大大丰富了菜肴的呈现方式与口味，同时为中餐的现代烹饪技术奠定了基础。此外，宋朝庖厨所使用的调味品也十分丰富，从古籍中能够发现，一些盐、酱油、蜂蜜、醋、糖、花椒等，已进入宋人的厨房。

现代社会的烹饪技术则更加多样化，现代化的烹饪器具层出不穷，如烤箱、蒸箱等设备的普及，烹饪速度大大加快，同时能够更加精确地掌控烹饪的温度，将厨艺匠心体现在每一摄氏度、每一分钟上。此外，人们还利用各种香料来丰富食物的风味，将不同地域、不同国度的菜品融合创新。现代烹饪技术在注重口感和风味的同时，还强调食材的相辅相成，菜品的营养和健康。

餐桌礼仪的演变方面，宋朝的饮食文化注重礼仪和节制，表现出明显的等级差异。不同阶层的人们在饮食上有着严格的规矩和限制，这种差异在食材、烹饪方式和餐饮器具等方面都有所体现。宋代的宴会餐具摆放十分讲究，餐具要整齐、搭配得宜，以凸显主人的品位和气派。餐桌礼仪规范也非常严格，如敬酒、用筷、吃饭姿势等都有明确的规定。

现代社会的餐桌礼仪则更加灵活和多样。虽然在一些正式场合仍保留着传统的礼仪规范，但在日常生活中，人们更加注重的是轻松愉快的用餐氛围。随着快餐文化和外卖的普及，人们的用餐方式也变得更加随意和自由。然而，这并不意味着现代人不重视礼仪，相反，在一些特定的文化或社交场合中，人们仍然会遵循一定的礼仪规范来展现自己的教养和对他人的尊重。

岁月更迭，观念蜕变

在宋朝，人们已经开始注重养生和保健，讲究色、香、味、形、器的统一。人们认为食物可以调养身体，治疗疾病。同时，宋代文人雅士对饮食有特殊要求，偏爱清淡、精致的食品和饮品，追求雅致的环境和文化氛围。这种饮食观念体现了当时人们对生活品质的追求和对身心健康的重视。

现代社会的饮食观念则更加多元化和个性化。随着生活水平的提高和健康意识的增强，人们越来越注重食品的营养价值和健康程度。在追求口感和风味的同时，人们也开始关注食品的安全性和可持续性。此外，随着国际交流的增多和全球化的影响，各种异国料理和地方特色美食也逐渐融入人们的日常饮食。这种饮食观念的转变反映了现代社会的开放性和包容性，以及人们对美好生活的向往。

时代流转，饮食演变

饮食文化的变迁是一个复杂而动态的过程，它受到历史演变、社会变革、科技进步等多种因素的影响。

从历史演变的角度来看，饮食文化的发展往往与社会的经济繁荣和文化昌盛紧密相连。例如宋代经济的繁荣促进了饮食文化的发展和创新；而现代社会科技的进步则使得饮食文化更加多样化和便捷化。

从社会变革的角度来看，饮食文化的变迁往往伴随着社会结构、价值观念和生活方式的改变。例如随着城市化进程的加快和人口流动的增加，人们的饮食习惯和口味偏好也发生了变化；而随着全球化的发展和国际交流的增多，各种异国料理和文化元素也逐渐融入本土饮食文化。

宋朝的饮食文化，注重食材的天然与新鲜，烹饪技艺虽然相对简单，但讲究色、香、味、形的和谐统一。这种追求自然与和谐的理念，在当时的社会中得到了广泛的认同和推崇。人们通过饮食来调养身体，追求健康与长寿，同时也通过饮食来展示自己的品位和身份。

而现代的饮食文化，则更加注重个性化和多元化。随着科技的进步和全球化的影响，人们可以随时随地享受到来自世界各地的美食。这种饮食文化的多元化和包容性，不仅丰富了人们的味蕾体验，也拓宽了人们的文化视野。同时，现代人对于饮食的要求也更加严格和精细，不仅要求口感和风味，还要求营养和健康。饮食文化的变迁，不仅是食材、烹饪方法和餐桌礼仪的变化，更是人们生活方式和价值观念的转变。它反映了人类社会的不断发展和进步，也展现了人们对于美好生活的不断追求和创新精神。

在未来，随着社会的不断发展和科技的持续进步，我们有理由相信饮食文化将会呈现出更加丰富多彩的面貌，会有更多的新型食材和烹饪方法涌现，也会有更加健康和营养的饮食理念出现。无论是宋朝的细腻、雅致，还是现代的多元、便捷，每一个时代的饮食文化都承载着当时社会的独特风貌和人们对于美好生活的向往。

因此，当陈澄回顾宋朝与现代的饮食文化时，深深感受到这不仅是在品味历史的味道，更是在感受人类文明的进步和发展。这种跨越时空的味蕾之旅，不仅让陈澄领略了不同时代的饮食风貌，也让她更加珍惜和感恩现代社会的丰富与多元。在未来的日子里，她希望能够继续传承和创新饮食文化，让味蕾的时光之旅永远充满惊喜与美好。

第三节　望古承今，饮食新篇

在历史的长河中，饮食文化如同一条蜿蜒流淌的溪流，不断汇聚着各个时代的智慧与风情。宋朝，一个经济繁荣、文化昌盛的时代，其饮食文化更是如同溪流中的一颗璀璨明珠，散发着独特的光芒。而当这颗明珠与现代饮食文化相遇时，碰撞出了奇妙的火花。

宋食自然，和谐雅致

宋朝的饮食文化，注重食材的天然与新鲜，追求色、香、味、形的和谐统一。这种追求自然与和谐的理念，在当时的社会中得到了人们广泛的认同和推崇。人们通过饮食来调养身体，追求健康与长寿，同时也通过饮食来展示自己的品味和身份。宋朝的文人雅士更是将饮食提升到了一种艺术的高度，他们追求清淡、精致的食品和饮品，注重用餐环境的文化氛围和审美情趣。

在现代社会，这种追求自然、和谐与雅致的理念仍然具有重要的价值。随着人们生活水平的提高和健康意识的增强，越来越多的人开始注重食品的质量和营养价值，追求健康、天然的饮食方式。同时，在忙碌的生活节奏中，人们也更加渴望能够在用餐时享受到一份宁静与雅致，让心灵得到片刻的放松和滋养。

现代多元，便捷丰富

现代社会的饮食文化呈现出多元、便捷与个性化的发展趋势。随着全球化的进程和国际交流的增多，各种异国料理和文化元素逐渐融入本土饮食文化，让人们的味蕾体验更加丰富多彩。同时，随着科技的进步和生活方式的改变，现代饮食也越来越注重便捷性和个性化服务。快餐、外卖等便捷餐饮方式的出现，满足了人们在忙碌生活中对于快速用餐的需求；而定制化的餐饮服务和个性化的菜品选择，则让人们在用餐时能够更加自由地表达自己的品位和喜好。

然而，在这种多元、便捷与个性化的发展趋势中，人们也应该看到其中存在的一些问题。比如便捷餐饮往往忽视了食品的质量和营养价值；个性化服务有时过于追求新奇和独特，而忽略了饮食文化的本质和内涵。因此，在传承与创新现代饮食文化的过程中，人们需要更加注重对宋朝饮食文化精髓的汲取和融合。

汲取精髓，融合现代

在传承宋朝饮食文化精髓的过程中，陈澄感悟到，人们应该注重对其自然、和谐与雅致理念的深入挖掘和传承。这意味着人们要在食材选择、烹饪方法和餐桌礼仪等方面更加注重天然、健康和审美情趣的培养。同时，也要将这种理念与现代社会的多元、便捷与个性化发展趋势相结合，创造出既符合现代人的生活方式又富有文化内涵的新型饮食文化。

自一段穿越的旅程结束，陈澄觉得现代饮食可以在以下几个方面进行尝试和创新。

食材选择方面，在注重天然、新鲜的基础上，引入更多具有地方特色和营养价值的食材。同时，通过现代化的保鲜技术和物流体系，让这些食材能够跨越地域限制，成为人们餐桌上的常客。

烹饪方法方面，在传承宋朝烹饪技艺的基础上，结合现代烹饪技术和工具进行创新。比如，可以尝试将传统的蒸、煮、炖等烹饪方法与现代的烤箱、蒸箱等烹饪工具相结合，创造出既保留传统风味又更加便捷高效的烹饪方式。

餐桌礼仪方面，在保留宋朝餐桌礼仪中优雅、庄重的基础上，注入现代社会的轻松、自由氛围。比如，可以在正式场合保留传统的礼仪规范，而在日常用餐中则更加注重轻松愉快的氛围和个性化的表达方式。

饮食观念方面，将宋朝饮食文化中注重健康、"食医同源"的理念与现代社会的营养学知识相结合。通过科学合理的膳食搭配和营养摄入，让人们在享受美食的同时也能够保持身体的健康和活力。

文化融合方面，在传承宋朝饮食文化的基础上，积极引入其他国家和地区的饮食文化元素。通过文化的交流与融合，创造出具有独特魅力的新型饮食文化形态。比如，可以尝试将宋朝的清雅风味与地中海的浓郁口味相结合，创造出别具一格的新型菜品。

科技创新方面，利用现代科技手段对宋朝饮食文化进行深入研究和挖掘。比如，可以通过新型修复技术对宋朝的食谱等一手资料进行复原和再现，也可以通过虚拟现实技术让人们身临其境地感受宋朝的饮食文化和氛围。

在未来的日子里，陈澄愿和所有热爱生活和美食的人一起继续传承和创新饮食文化，让味蕾的时光之旅永远充满惊喜与美好。让宋朝饮食文化的精髓与现代社会的多元、便捷与个性化发展趋势相融合，共同谱写出一曲跨越时空的交响乐章。这不仅是对历史的尊重与致敬，更是对美好生活的不断追求与创新实践。

参考文献

1. 林洪. 山家清供 [M]. 章原，编注. 北京：中华书局，2013.

2. 周密，朱廷焕. 武林旧事 [M]. 谢永芳，注评. 郑州：中州古籍出版社，2019.

3. 徐鲤，郑亚胜，卢冉. 宋宴 [M]. 北京：新星出版社，2018.

4. 吴钩. 风雅宋：看得见的大宋文明 [M]. 桂林：广西师范出版社，2018.

5. 朱彝尊. 食宪鸿秘 [M]. 张可辉，编注. 北京：中华书局，2013.

6. 南宋书房. 藏在宋画里的两宋史 [M]. 杭州：浙江摄影出版社，2022.

7. 吴自牧. 梦粱录 [M]. 周游，译注. 北京：二十一世纪出版社，2018.

8. 孟元老. 东京梦华录 [M]. 侯印国，译注. 西安：三秦出版社，2021.

9. 曾敏行. 独醒杂志 [M]. 上海：上海古籍出版社，1980.

后记

味蕾穿越，梦回大美宋朝

　　夜已深，书房里散发出暖黄色光的台灯和随处可见的书籍陪伴着我。指尖轻轻滑过一本本美食古籍：《武林旧事》《东京梦华录》《山家清供》……书页间似乎还残留着岁月的沉香。那一刻，一个念头如电光石火般划过脑海：如果我能穿越回古代，会是怎样一番景象？而若真有此等奇遇，我定要选择那个风华绝代的宋朝，去亲历那些流传千古的美食佳话。

　　于是，便有了《吃到宋朝去》。这本书不仅是一次对历史的探索，更是一场心灵的旅行，它让我以陈澄的身份，穿越回那个令人神往的时代，见证并体验了宋朝美食的奇妙与辉煌。

　　在构思这本书的时候，我时常想象自己真的置身于千年前的市井街头，耳畔是此起彼伏的叫卖声，鼻尖萦绕着各式各样的食物香气。陈澄，这个在我笔下鲜活起来的女子，她的每一次品尝、每一次惊叹，都仿佛是我自己的亲身经历。通过她的眼睛，我看见了宋朝人对食物的极致追求，那是一种对生活品质的坚持，也是对美好事物的无限向往。

在陈澄的引领下，我们走近了宋朝的宫廷御膳，品尝了一道道珍馐美味。每一口都蕴含着深厚的历史底蕴和皇家的尊贵气息。而当陈澄踏入民间，那些看似寻常却又不平凡的小吃，更是让人流连忘返。从街头巷尾的热气腾腾的吃食，到茶馆里的一壶好茶，每一处都是生活的烟火气，每一口都是对宋朝生活最直接的感受。

在撰写过程中，我深感自己仿佛也进行了一场心灵的穿越。每当夜深人静之时，我独自坐在电脑前，敲打着键盘，心中却满是对宋朝的无限遐想。我开始更加细致地研究那个时代的饮食文化，从古籍中寻找线索，从史料中挖掘细节，力求让书中的每一个场景、每一道菜肴都尽可能地贴近历史真实。这不仅是对历史的尊重，更是对读者的一份责任。但我能力有限，若有差错，欢迎读者指正。

随着故事的推进，我发现自己越来越沉浸于那个大美宋朝。陈澄的每一次选择，每一次成长，都仿佛是我自己的心灵之旅。我开始思考，为何宋朝的美食能如此引人入胜？除了技艺的高超，更重要的是那份对生活的热爱和对美好的追求。在那个时代，食物不仅仅是果腹之物，更是一种情感的寄托，一种文化的传承。

当这本书终于画上句号，我却发现自己依然沉浸在大宋的氛围中无法自拔。那些曾经陪伴过陈澄的菜肴，那些她所经历的故事，都化作了我心中最宝贵的记忆。我开始怀念起那个时代的风土人情，怀念起那些简单却又不失精致的食物，怀念起那份对生活的热爱和对美食的执着。

我知道，这场味蕾的"穿越"之旅虽然结束了，但它留给我的，却是对生活更加深刻的感悟。宋朝的美食，不仅是味觉的享受，更是一种生活的态度，一种文化的传承。它教会了我，无论时代如何变迁，对美好生活的追求和对食物的热爱，永远都不会改变。

在未来的日子里，或许我还会继续我的"穿越"之旅，去探索更多未知的历史角落，去体验更多不同文化的魅力。但无论走到哪里，我都会带着这本书给我的启示和感动，用心去感受每一份美食背后的故事，用心去品味每一口食物中的生活哲学。

《吃到宋朝去》不仅是一本书，它更是一次心灵的觉醒，一次对美好生活的无限向往。在这个快节奏的时代，愿我们都能像宋朝人一样，慢下来，用心去感受每一份食物的美好，用心去体验生活的每一个瞬间。因为，生活本就是一场最美的味蕾之旅。

写到这里，我非常感慨也非常兴奋，觉得一个新的"生命"即将诞生了，感谢家人的无限支持，感谢编辑超级耐心又细致地对待这些可爱的文字，感谢所有知道我名字的人！因为你们，才有我的现在！

是为后记。

沈晔冰于海棠书房

2024 年 9 月 3 日凌晨

图书在版编目（CIP）数据

吃到宋朝去 / 沈晔冰著. -- 杭州：浙江工商大学
出版社，2025. 7. --（宋韵文化丛书）. -- ISBN 978-7-
5178-6574-2

Ⅰ. TS971.202

中国国家版本馆 CIP 数据核字第 2025CR3807 号

吃到宋朝去
CHIDAO SONGCHAO QU

沈晔冰 著

出 品 人	郑英龙
策划编辑	沈 娴
责任编辑	程辛蕊 何子怡
责任校对	张 超
封面设计	观止堂_未氓
责任印制	屈 皓
出版发行	浙江工商大学出版社

（杭州市教工路 198 号 邮政编码 310012）

（E-mail:zjgsupress@163.com）

（网址:http://www.zjgsupress.com）

电话:0571-88904980,88831806（传真）

排 版	大千时代（杭州）文化传媒有限公司
印 刷	浙江海虹彩色印务有限公司
开 本	880 mm×1230 mm 1/32
印 张	6.625
字 数	136千
版 印 次	2025年7月第1版 2025年7月第1次印刷
书 号	ISBN 978-7-5178-6574-2
定 价	88.00元